어린이의 지리학

어린이의 지리학

초등 지리 교육을 위한 어린이의 지리적 사고에 대한 이해

초판 1쇄 발행 2016년 11월 25일
초판 2쇄 발행 2017년 8월 7일

지은이 이경한
펴낸이 김선기
펴낸곳 (주)푸른길
출판등록 1996년 4월 12일 제16-1292호
주소 (08377) 서울시 구로구 디지털로 33길 48 대륭포스트타워 7차 1008호
전화 02-523-2907, 6942-9570~2
팩스 02-523-2951
이메일 purungilbook@naver.com
홈페이지 www.purungil.co.kr

ISBN 978-89-6291-370-5 93980

ⓒ 이경한, 2016

*이 도서의 국립중앙도서관 출판예정도서목록(CIP)은 서지정보유통지원시스템 홈페이지
(http://seoji.nl.go.kr)와 국가자료공동목록시스템(http://www.nl.go.kr/kolisnet)에서 이용하
실 수 있습니다.(CIP제어번호: CIP2016026980)

어린이의 지리학

초등 지리 교육을 위한
어린이의 지리적 사고에 대한 이해

푸른길

| 차 례 |

제3부 | 어린이의 지리 문해력 신장

아동기는 사고력의 발달이 급진적으로 일어나는 시기이다. 피아제는 어린이의 사고력이 전조작기, 구체적 조작기, 추상적 조작기를 거치면서 발달한다고 하였다. 어린이의 지리적 사고력도 피아제의 인지 발달 단계에 따라 성장한다. 지리적 사고에 대한 논의는 지리 교육의 필요조건에 해당한다고 할 수 있다. 하지만 어린이의 지리적 사고력이 어떻게 발달하는가에 대한 구체적인 논의는 상대적으로 부족한 상황이다.

이 책은 어린이의 지리적 사고력의 발달 과정과 지리 문해력을 다루고 있다. 제1부 "어린이의 공간 이해 발달"은 공간 인지 능력, 세계 이해도, 공간 포섭관계와 국가 정체성 발달을 중심으로 구성하였다. 어린이의 공간 이해는 연령의 증가와 함께 발달하는데, 초등학교 4학년인 만 10세를 기점으로 급속한 발달이 나타났다. 공간 개념의 발달은 정태적 지각 공간에서 관념적 공간의 이해로 발달하였다. 세계 이해도의 발달은 4~6학년이 1~3학년보다 3~7배 높게 발달하였다. 공간 포섭관계의 이해는 언어적 이해에서 수학 논리적 이해로 발달하고, 공간 포섭 단위들도 분절적 이해에서 점차 통합적이며 동심원적 이해로 발달하였다. 마지막으로 국가 정체성의 발달은 정치적 정체성에서 문화적 정체성으로, 그리고 국가 정체성의 주체는 타자 중심에서 자기 중심으로 발달하였다.

제2부 "어린이의 지리 개념에 관한 이해"는 지리 오개념, '강'의 개념, 영토의 인식과 놀이 장소에 대한 이해를 중심으로 구성하였다. 지리 오개념은 주로 개념의 속성에 대한 오해와 조작적 사고의 미발달로 인한 오해에서 비롯

되었다. 지리 오개념의 원인은 순환적 과정을 통하여 지리 오개념의 재생산을 가져온다. 또한 어린이들은 자신의 생활 주변과 여행을 통하여 강을 경험하고, 강의 형태를 눈에 보이는 대로 직관적으로 인식하는 유년적 수준에서 벗어나 강을 곡선으로 인식하는 실재적 수준으로 발달하였다. 강의 기원에 대한 이해도 물의 양으로 인식하는 직관적 수준에서 과학적 수준으로 발달하였다. 영토 교육은 저학년에서는 영토에 관한 감성적 교육을, 중·고학년에서는 이성적 교육을 중심으로 구성할 필요가 있다. 마지막으로 초등학생들의 놀이 장소는 수업 공간과 밀접한 관련이 있는데, 그들은 수업 공간을 통제의 공간으로 보는 경향을 나타냈다.

제3부 "어린이의 지리 문해력 신장"은 세계지리의 기본 지식 함양, 생태지도 그리기 활동을 통한 환경감수성 신장, 그리고 초등학교와 중학교 지리 교과서의 어휘 비교를 중심으로 구성하였다. 세계지리의 기본 위치 지식을 함양하기 위해서는 학습 교구로서 세계지도 퍼즐이나 세계전도를 마련하여 교실의 수업시간이나 교과 외의 시간에 이것들을 경험할 수 있는 기회를 제공하여 세계지리에 관한 관심을 갖도록 할 필요가 있다. 초등학교와 중학교 지리 교과서는 어휘의 수와 수준 면에서 지나치게 큰 차이가 나타났다. 초등학교 6학년에 비해서 중학교 1학년 지리 교과서의 어휘 수와 수준이 급상승하고 있다. 이러한 지리 어휘의 급증, 저빈도 어휘의 높은 비중, 문장 서술 시 지나치게 많은 파생어의 사용 등은 지리 학습량의 부담, 이해도 저하 등을 가져온다. 마지막으로 환경감수성 신장하기 위해서는 생태지도 그리기

를 통하여 교실에서 학습을 통해 배운 내용과 실제 자연에서의 환경 관찰 내용을 일치시키도록 가르칠 필요가 있다.

이 책은 그동안 발표한 11편의 논문을 바탕으로 한 것이다. 제1장은 「아동의 공간인지능력 발달에 관한 연구」(이경한, 1988), 제2장은 「초등학생들의 세계이해도 발달」(이경한, 2006), 제3장은 「초등학생들의 세계포섭도의 이해도 발달」(이경한, 2008), 제4장은 「초등학생들의 국가 정체성 형성에 대한 이해」(이경한, 2007), 제5장은 「초등학생들의 지리 오개념에 대한 연구」(이경한·박선희, 2002), 제6장은 「아동의 강에 대한 개념 발달에 관한 기초 연구」(이경한, 2013), 제7장은 「초등학생들의 독도에 대한 인식과 지식」(이경한·육현경, 2012), 제8장은 「초등학생들의 놀이 장소에 관한 연구」(이경한, 2015), 제9장은 「초등학생의 세계지리 기본 위치 지식의 증진을 위한 실행 연구」(이민호·이경한, 2013), 제10장은 「생태지도 만들기 체험을 통한 환경 문제 해결 능력 신장」(이경한, 2013), 제11장은 「초등학교와 중학교 세계지리의 어휘 비교 분석」(이경한·육현경, 2008)을 일부 수정 보완하였다.

이 책이 어린이의 지리적 사고를 이해함으로써 지리 교육의 심리적 기초를 제공하고, 이를 바탕으로 지리 수업활동에 도움이 되길 바란다.

2016년 11월 전주에서

이경한

제1부

–

어린이의 공간 이해 발달

–

제1장

–

어린이의 공간 인지 능력 발달

–

1. 서론

교과를 지도할 때 학생들의 지적 발달 수준을 고려해야 함은 재론의 여지가 없다 할 것이다. 즉 교과내용은 학생들의 어휘, 정서 등의 발달수준에 알맞게 구성되어야 하며, 따라서 지리 교육은 지리학에서 추구하는 문제 혹은 개념을 학생들의 지적 발달에 맞추어서 재조직(이찬 외, 1975: 12)해야 할 것이다.

한편 지리학은 본질적 개념인 공간 관계와 공간적 상호작용에 깊은 관심을 갖고 있다. 그러므로 공간은 지리 교육의 내용 구성에서 중요한 위치를 차지한다. 이러한 공간 개념을 지리 교육의 내용 구성에 반영하기 위해서는 무엇보다도 아동들이 공간과 공간 관계에 대해서 어떻게 이해하고 있는가를 정확하게 측정하는 것이 선결되어야 한다.

이러한 측면에서 볼 때 지리 교육의 주요 연구 과제는 지리학의 지각 대상으로서의 공간 개념을 지리 교육에 도입하고(최낭수, 1983: 98) 아동의 공간 이해에 대한 적절한 연구가 이루어지는 것이라고 할 수 있다. 따라서 여기에 서는 인지도를 이용하여 아동들의 공간 인지 정도, 공간 관계의 조직 능력, 지도화 능력 등을 분석함으로써 공간 인지 능력의 발달을 살펴본 후, 공간 인지 능력과 성별, 사회성, 도농(都農)과의 관련성을 살펴보고자 한다.

아동 발달 연구는 연령 증가에 따른 변화율을 추적·규명하는 것으로, 여 기에서는 각 연령 단계의 여러 개인이나 집단을 어느 한 시점에서 한꺼번에 조사하여 이 자료를 바탕으로 발달 양상을 밝히는 횡단적 접근법(이장호 외, 1986: 65)을 사용하였다.

이 장에서는 경기도 성남시 D초등학교와 전북 전주시 Y초등학교 학생들 을 대상으로 하였고, D초등학교에서는 각 학년마다 40명씩, Y초등학교에서 는 각 학년마다 30명씩 무작위 표집하였다. 남녀 구성비는 동일하게 하였으 며, 연구 지역 일 년 이하 거주자와 전입생은 연구 대상에서 제외하였다.

아동의 공간 인지 능력 발달에 관한 연구는 인지도 분석을 통하여 알아보 았다. 지도 그리기는 공간적 관계들을 개념화할 수 있는 능력의 증거(Tuan, 1979: 76)이고, 이 지도는 장소에 대한 사람들 태도의 지도학적 표상(car-tographic representation)(Tuan, 1985: 205)이며, 공간 환경에 관한 정보를 수집·조직·회상·조작할 수 있는 인지적 능력을 나타내는 요체이다.[1] 또한 지각한 것은 개념을 형성하는 데 도움을 주고, 기존의 개념은 어느 정도 지 각하는 것을 안내해 준다. 즉 개념화와 지각화는 상호작용한다(그레이브스, 1984: 188). 이러한 관점에서 공간 인지 능력의 발달 연구에서 인지도 연구

---

1) Downs, R. M. & Stea, D., 1977, Maps in minds; reflections on cognitive mapping, Murray, D. & Spencer, C., 1979, Individual differences in the drawing of cognitive maps, *Transactions, the Institute of British Geographers*, N. S., 4(3), 385에서 재인용.

방법은 매우 큰 의미가 있다.

이 장에서는 가정에서 학교까지 등굣길의 인지도와 생활지역의 인지도 등 두 종류의 인지도를 가지고 분석하였다. 전자는 두 학교에서 모두 실시하였고, 후자의 경우 D초등학교에서는 학교 주변 생활지역의 인지도를, Y초등학교에서는 가정 주변 생활지역의 인지도를 그리도록 하였다. 도시 지역에서는 일반 가정집을 1:5000 기본도 위에서 파악하기가 어렵기 때문에 학교 주변 생활지역의 인지도를 그리도록 하였다. 그러나 아동의 가정은 그의 지리 지식을 조직하는 중심체가 되기(듀이, 1984: 39) 때문에, 학교 생활지역보다는 가정 생활지역이 더 나을 것으로 생각된다. 인지도의 정확성 정도는 1:5000 기본도를 기준으로 분석하였고, 아동의 최대 인지 거리 역시 1:5000 기본도로 파악하였다.

인지도의 작성은 개개인의 회상과 기억을 통해서 그리는 자유 회상 기법(free recall technique)을 택하였다. 자유 회상 기법의 장점은 어떤 사람이 그의 환경을 정신적으로 어떻게 조직하는가를 이해하는 데 큰 도움을 얻을 수 있다는 점, 연구자의 주관 개입을 최소화시킬 수 있다는 점, 지도화할 수 있는 정보를 주관적으로 선별 혹은 강조할 수 있다는 점 등이다. 그러나 자연적 속성만을 강조하기 쉽다는 약점도 있다(Pocock, 1976: 493).

그리고 공간 인지 능력의 발달이 연령, 성별, 사회성의 변수들과 어떤 관련성이 있는지를 파악해 보았다. 연령은 학년으로 대체되고 있는데, 이의 관련성을 분석하기 위하여 변량 분석 방법, 카이 제곱(Chi-square) 검증 방법을 사용하였고, 성별의 관련성을 분석하기 위하여 T-검증 방법을 실시하였다. 사회성은 설문지를 이용하여 분석하였으며, 이의 관련성을 파악하기 위하여 상관관계 기법을 이용하였다. 지역 간의 차이를 파악하기 위하여 T-검증, 변량 분석 기법을 실행하였다.

2. 이론적 배경과 연구 경향

지리 교육은 19세기 중반 이후, 초등학교에서 가르치기 시작하면서 많은 발전을 하였다. 이에 따른 지리 교육의 연구 분야는 크게 7가지로 구분해 볼 수 있다. 즉 지리 교육의 목적과 목표, 지리 교육과정 연구, 지리 교육의 평가, 지리 학습의 인지적 이해, 지리 교수법 연구, 지리 교육과정의 가치·태도 분석, 지리 교육사 등이다. 이 중 지리 학습의 인지적 이해는 정신적 발달과 학생들의 문제 해결 활동과의 관계, 공간 개념의 이해, 환경 지각, 지도 내용의 인식 등 다양한 분야를 포함한다. 이 분야는 가장 많은 실험연구(experimental research)가 진행되고 있다(Graves, 1980: 110-111).

위의 분야 중의 하나인 공간 개념 발달의 연구는 피아제(Piaget) 이후 많은 학자들이 연구를 계속하고 있고 이에 대한 계승과 비판이 연속되고 있다. 공간 인지 발달도 이의 한 분야로서 많은 연구가 이루어지고 있다.

공간 인지 능력의 연구는 공간의 준거 틀(frame of reference) 연구와 공간 표상 연구로 대별할 수 있다. 공간의 준거 틀 연구는 사람들이 공간에서 자신의 위치를 파악하는 데 사용되는 정보 형태에 초점을 맞춘다. 실험 연구에서 공간의 준거 틀은 공간에서 대상들(objects)의 위치를 결정하는 데 사용되는 틀(Cohen, 1985: 5)이다. 일반적으로 공간의 준거 틀 연구의 결론은 연령의 증가에 따라서 자아와 세계의 분화가 발달한다는 것이다. 이것은 아동 시기에는 모든 대상을 그의 개념적 준거 틀의 기원인 자기 자신으로부터 거리와 방향을 결정하는 반면, 성인이 되면서 점차 자기 자신으로부터 탈피해 감을 의미한다(Pufall and Shaw, 1973: 153).

피아제는 아동의 공간 조직은 자기중심적인 반면, 성인의 공간 조직은 객관적이라고 보았다. 피아제는 일반적 준거 틀의 발달을 다음(Holloway,

1967: 66)과 같이 제시하였다. 6~7세 아동은 준거 틀을 사용할 수 없고, 지각적 특성에 의존한다. 8~9세부터 준거 틀이 형성되기 시작한다. 준거 틀의 적용과 구성 능력이 발달하나 상대적 거리 등을 이해하지는 못한다. 모형 경관의 단순한 반복은 가능하나, 축척은 사용하지 못한다. 10~12세 아동은 준거 틀이 왕성하게 발달하고 상대적 거리, 축척, 비율 등을 이해할 수 있으며 전체적인 틀에서 공간을 이해할 수 있다.

하트와 무어(Hart and Moore, 1973)는 자기중심적 준거 틀, 고정된 준거 틀, 종합화된 준거 틀로 발달 단계를 구분하였다. 아크리돌로(Acredolo, 1976)는 연령과 관련시켜서 그의 주장을 펼친다. 3세 아동은 자기중심적 준거 틀을 가지고, 취학 전 아동은 대상에 기초한 준거 체계를 가진다. 10세경 아동은 추상적 준거 틀을 사용한다고 주장한다. 무어(Moore, 1973)는 미분화된 자기중심적 준거 틀, 고정된 준거 틀, 종합적·계층적 준거 틀의 발달 단계로 보았다. 푸폴과 쇼(Pufall and Shaw, 1973)는 구체적 조작 사고에 도달해야 2차원적 준거 틀을 갖는다고 보았고, 타울러(Towler, 1970)는 성별, 사회 계층은 준거 틀 발달과 상관이 없고, 연령과 지능은 관련성이 큰 것으로 보았다. 대체로 피아제의 발달 단계에 동의하고 있다.

공간 표상의 연구는 20세기 초부터 시행되고 있고, 주요 연구 방법으로는 인지도를 사용하고 있다. 인지도를 통한 공간 표상의 연구는 심리학, 사회학, 지리학 등에서 많이 시행되고 있다. 인지도는 공간 지각의 한 형태(Tuan, 1985: 209)로서 지식의 구조화와 축적을 효과적으로 제시한다. 또한 내적 인지 구조의 구성을 실체화할 수 있어서(Beck and Wood, 1976: 173) 공간 표상 발달의 경험적 연구에서 많이 사용한다. 피레이(Firey), 라이트(Wright), 톨만(Tolman) 등의 연구로 시작된(Moore and Golledge, 1973: 16) 이후, 공간 표상의 개체 발생적 발달에 대한 연구의 극치는 피아제 외의 연구(Piaget, Inhelder and Szeminska, 1960)이다. 피아제 외(1960: 3-26)는 공간의 인지적 표상을 3단계로 주장한다. 7세까지는 개인적인 기억과 행위 면의 지표물(landmark)을 인식한다. 7~9.5세는 구체적 조작기와 관점의 종합화 시기로서, 공간 관계가 하위집단(subgroup) 내에서 부분적으로 조직화된다. 8~12세에는 공간 관계가 매우 정밀해지고 지표물이 결합화된다.

지겔과 화이트(Siegel and White)[2]도 공간 인지 발달 모형을 제시했다. 첫째, 아동은 지표물을 기억하고 인식한다. 둘째, 도로의 인식이 일어난 후, 지표물과 도로가 내부 구조를 가진 하위집단으로 구성되나 종합화가 미비한 상태이다. 셋째, 전체적인 준거 틀을 가지고 종합화한다. 캐틀링(Catling)[3]은 인지도를 가지고 아동의 공간 표상 발달이 어떻게 나타나는가에 관심을 가졌다. 그는 피아제 이론에 기초해서, 표상적(topological) 단계, 투영적(projective) 단계 I, II, 기하학적(euclidean) 단계 순으로 공간 인지가 발달한다고 보았다. 애플야드(Appleyard, 1982)는 공간 인지를 연속적인 요소(sequential element)와 공간적인 요소(spatial element)로 구분하고, 연속적인 요소가 공간적인 요소보다 먼저 발달한다고 보았다.

공간 표상의 다른 연구로는 아동의 공간 표상 발달과 성별(Matthews, 1987), 사회적 계층(Pocock, 1976), 친숙성(Pocock, 1976; Acredolo et al., 1975; Anooshian and Young, 1981), 성적(Webb, 1986), 이동성(Murray, and Spencer, 1979) 등과의 관련성에 관한 연구도 많다. 또한 공간 개념

2) Siegel, A. W., & White, S, H., 1975, The development of spatial representations of large scale-environments. Evans, G, W., Envionmental cognition, *Psychological Bulletin*, 88(2), 1980, 269에서 재인용.
3) Catling, S. J., 1978, Cognitive mapping exercises as a primary geographical experience, *Teaching Geography*, 3(3), 120-123, Graves, N. J., (Ed.), 1982, *New Unesco Source Book for Geography Teaching*, 45에서 재인용.

발달 연구를 지리 교육과정, 지리 학습 등에 적용한 연구들(White, 1972; Catling, 1978b; Naish, 1982; Boardman, 1983)도 있다. 그 밖에 베어드(Baird, 1979), 코스린 외(Kosslyn et al., 1974), 매슈스(Matthews, 1978; 1984)의 연구 등이 있다. 우리나라에서 행해진 공간 개념 형성에 관한 연구로는 아동의 과학 개념 발달에 관한 연구(김용권·하병권, 1974), 한국 아동의 자기중심적 사고에 관한 연구(서봉연, 1982), 아동의 공간 조망 능력의 발달 연구(이춘희, 1982), 도시와 농촌 아동의 공간 조망 능력 비교 연구(김성훈, 1983), 초등학교 아동의 공간 개념 형성에 관한 연구(최낭수, 1983) 등이 있다.

3. 공간 인지의 발달

1) 공간 요소의 분석

인지도에 나타난 자료의 분석을 위해서 린치(Lynch, 1960)의 분류 방법 중 4가지, 즉 지표물(landmark), 통로(path), 결절점(node), 지구(district)를 이용하였다. 지표물은 건물, 상점, 산 등 물리적 대상으로 정의했고, 결절점은 2개 이상의 통로가 교차하는 점이고, 통로는 도로, 운하, 철로 등을 일컫는다. 지구는 동질성의 정도가 매우 높게 나타나는 일부 지역, 즉 공원, 주택 지역, 공업 단지 등을 말한다. 인지도에 나타난 각 현상들은 상징적 중요성이 있고, 그것들을 통해 각 개인이 가지고 있는 인식을 파악할 수 있다(Matthews, 1984: 94)고 본다. 이러한 전제하에 실시한 등굣길 인지도와 생활 지역의 인지도를 분석해 본 결과, 학년에 따라서 각각 다른 양상을 보여 주었다(표 1-1 참조).

학년별 공간 요소 차이의 통계적 유의성을 살펴본 결과, 등굣길 인지도의

표 1-1. 인지도에 나타난 공간 요소의 분석

농촌 지역

(단위: 평균 출현 빈도)

분류	학년 내용	1	2	3	4	5	6
등굣길 인지도	지표물	1.10	1.33	1.73	2.20	2.87	3.83
	결절점	0.00	0.43	0.60	2.00	2.73	3.27
	통로	1.30	1.30	2.17	4.17	5.43	5.33
	지구	1.33	0.53	1.10	1.83	1.73	2.87
	합계	2.73	3.59	5.60	10.20	12.76	15.30
생활 지역 인지도	지표물	1.27	2.07	2.53	3.07	3.13	3.63
	결절점	0.03	0.50	0.57	3.17	2.63	3.83
	통로	0.33	1.30	1.90	5.20	5.30	6.63
	지구	0.20	0.60	0.73	1.80	2.43	2.53
	합계	1.83	4.47	5.73	13.24	13.49	16.62

도시 지역

(단위: 평균 출현 빈도)

분류	학년 내용	1	2	3	4	5	6
등굣길 인지도	지표물	4.03	5.25	8.30	8.75	8.90	10.43
	결절점	0.15	1.10	1.55	2.53	2.98	5.60
	통로	1.03	2.33	3.18	4.05	4.50	6.25
	지구	0.00	0.18	0.50	0.73	0.70	4.83
	합계	5.21	8.91	13.53	16.06	17.08	27.11
생활 지역 인지도	지표물	2.10	4.93	4.40	6.48	7.10	10.25
	결절점	0.00	0.83	0.83	2.45	3.13	5.45
	통로	0.05	2.18	1.88	3.60	4.53	6.48
	지구	0.05	0.38	0.83	0.80	1.63	3.23
	합계	2.20	8.32	7.94	13.33	16.39	25.41

공간 요소의 전체 합계와 생활지역 인지도의 공간 요소의 전체 합계는 학년에 따라서 큰 차이를 나타냈다(표 1-2 참조). 학년이 증가함에 따라서 공간 요소의 전체 합계가 큰 차이를 보이는 것으로 보아, 연령이 증가함에 따라서 공간 인지 정도가 발달하는 것으로 볼 수 있다.

〈표 1-1〉에서 볼 때, 저학년은 지표물의 수가 다른 요소보다 월등히 많음을 알 수 있다. 고학년은 지표물의 수가 계속해서 증가하지만, 상대적으로 결절점, 통로, 지구의 수도 증가한다. 1학년에서 3학년까지는 통로가 몇 개씩 나타나지만 결절점의 수는 1개 미만으로 나타난다. 지구는 4, 5학년까지 낮게 나타나지만 6학년에서 급격히 증가한다. 이상에서 볼 때, 저학년은 통로보다는 지표물을 중심으로 공간 인지가 나타나는 것으로 사료되고, 결절점의 수가 1개 미만으로 나타나는 것은 지표물과 통로를 상호 관련된 체계

표 1-2. 공간 요소의 학년별 변량 분석 결과

등굣길 인지도

변동요인	제곱합	자유도	평균 제곱	F값	유의 수준
주 효과	14,534,604	5	2,906,921	60,746	0.0
학년	14,534,604	5	2,906,921	60,746	0.0
설명값	14,534,604	5	2,906,921	60,746	0.0
잔차	19,524,336	408	47,854	–	–
합계	34,058,940	413	82,467	–	–

생활지역 인지도

변동요인	제곱합	자유도	평균 제곱	F값	유의 수준
주 효과	17,143,171	5	3,428,634	100,444	0.0
학년	17,143,171	5	3,428,634	100,444	0.0
설명값	17,143,171	5	3,428,634	100,444	0.0
잔차	13,926,938	408	34,135	–	–
합계	31,070,109	413	75,230	–	–

로 연결하여 인식하지 못하고 개별적인 공간 인지 상태로 보고 있음을 알 수 있다. 그러나 고학년이 되면서 지표물, 통로 등이 상호 관련되어 존재함을 인식하게 된다. 즉 저학년에서는 점(point)으로써 공간 인지를 하고, 고학년이 되면 점을 선(line)으로 연결 지으면서 공간을 인지한다. 또한 고학년에서는 면(surface)적 공간 인지도 증가함을 알 수 있다.

2) 인지도 구성의 분류

인지도 상에 나타난 구성 요소는 6가지로 분류하였다. 즉, 기능 요소, 놀이 요소, 자연 요소, 인물 요소, 교통 요소, 동물 요소(Matthews, 1984: 94)가 그것이다. 기능 요소에는 건물, 상점, 도로, 논, 밭 등을 포함시켰고, 놀이 요소에는 놀이터, 공원, 인형을, 자연 요소에는 산, 호수, 고개, 나무 등 자연 현상을 포함시켰다. 교통 요소에는 자동차, 기차 등을, 인물 요소에는 사람을, 동물 요소에는 새, 짐승 등을 포함시켰다. 모든 경우에서 기능 요소가 가장 많은 부분을 차지하였다(표 1-3 참조).

학년이 증가하면서 기능 요소의 비율이 증가하는데 4학년 이상에서는 거의 90% 이상을 차지한다. 저학년에서는 상대적으로 교통 요소, 인물 요소, 동물 요소가 많이 나타나는 반면, 고학년에서는 이들이 거의 나타나지 않고 있다. 또한 거주지의 경관에 따라서도 약간의 차이가 나타나는데, 농촌 지역에서는 자연적 요소가 상대적으로 많은 부분을 차지하고 있는 반면, 도시 지역에서는 기능적 요소가 훨씬 더 많은 부분을 차지하고 자연적 요소의 인지 비율이 낮게 나타나고 있다.

인지도의 구성 요소 분류 중 가장 많은 부분을 차지한 기능 요소를 세부적으로 살펴보면 〈표 1-4〉와 같다. 농촌 지역에서는 기능 요소 중 상점, 종교

표 1-3. 인지도의 구성 요소별 분류

농촌 지역

종류	분류＼학년	1	2	3	4	5	6
등굣길 인지도	기능 요소	38.0	63.6	49.8	72.6	84.6	81.3
	놀이 요소	1.1	3.7	0.9	0.0	0.0	0.0
	자연 요소	18.5	11.2	22.6	14.0	12.0	15.2
	교통 요소	20.7	8.4	14.1	11.3	2.6	3.5
	인물 요소	21.7	11.2	6.3	0.8	0.0	0.0
	동물 요소	0.0	1.9	6.3	1.3	0.0	0.0
생활 지역 인지도	기능 요소	25.3	51.9	67.7	89.5	86.3	88.8
	놀이 요소	0.0	4.8	2.3	1.0	0.0	0.5
	자연 요소	34.0	9.6	19.1	8.7	11.6	10.3
	교통 요소	15.3	10.6	2.9	0.8	2.1	0.4
	인물 요소	18.7	18.3	0.6	0.0	0.0	0.0
	동물 요소	6.7	4.8	7.4	0.0	0.0	0.0

도시 지역

종류	분류＼학년	1	2	3	4	5	6
등굣길 인지도	기능 요소	76.1	93.5	92.9	90.6	94.1	97.1
	놀이 요소	0.0	2.7	0.5	1.6	0.5	0.2
	자연 요소	3.0	1.0	3.3	4.8	4.4	2.3
	교통 요소	15.2	0.7	2.5	3.0	1.0	0.4
	인물 요소	5.3	2.0	0.8	0.0	0.0	0.0
	동물 요소	0.4	0.0	0.0	0.0	0.0	0.0
생활 지역 인지도	기능 요소	69.2	89.7	92.6	92.3	93.3	97.4
	놀이 요소	3.3	4.8	1.0	2.1	1.3	0.3
	자연 요소	4.2	5.2	4.9	4.2	4.1	2.3
	교통 요소	13.3	0.0	1.0	0.3	0.0	0.0
	인물 요소	10.0	0.4	0.5	1.2	0.0	0.0
	동물 요소	0.0	0.0	0.0	0.0	1.3	0.0

표 1-4. 기능 요소의 세부 내용

농촌 지역 (단위: %)

내용\학년	문방구	상점	종교시설	마을회관	과수원	놀이시설	비닐하우스	교육기관	정자	방앗간	공장	기타
1	-	49.5	50.0	-	-	-	-	-	-	-	-	0.5
2	2.1	51.2	19.3	1.2	5.1	3.9	-	1.0	3.6	-	-	12.6
3	1.0	59.7	16.7	1.4	-	2.8	-	9.7	8.3	-	-	0.4
4	3.2	54.2	9.1	4.2	13.0	5.3	1.5	2.1	4.2	-	2.1	1.1
5	1.4	56.8	4.2	4.2	5.6	-	12.5	4.2	8.3	2.8	-	-
6	2.1	43.1	3.5	3.5	26.4	0.7	2.8	1.4	6.9	4.2	2.8	2.6

도시 지역 (단위: %)

내용\학년	문방구	상점	종교시설	교육기관	아파트	공공기관	공장	병원	약국	시장	놀이시설	상수시설	기타
1	29.5	27.9	26.4	-	0.8	1.2	0.4	-	4.3	0.4	0.4	-	8.7
2	27.5	37.2	17.5	1.6	8.9	0.8	0.5	0.3	0.8	1.0	1.6	-	2.0
3	26.9	41.1	10.4	1.3	9.5	1.6	3.8	-	0.6	0.6	3.5	-	0.7
4	11.4	31.0	13.1	0.8	5.5	0.8	3.4	0.4	0.5	-	3.3	0.4	29.4
5	14.9	52.6	8.8	1.9	5.1	0.9	3.7	0.5	3.7	1.9	1.9	-	4.0
6	16.4	42.7	10.2	3.0	10.5	0.8	4.3	1.2	1.2	0.4	2.2	5.0	2.1

기관, 과수원, 정자 등이 높은 인지 대상이 되었고, 도시 지역에서는 도시 경관을 반영하는 아파트, 공장 등이 높은 인지 대상이 되었다.

3) 최대 인지 거리의 분석

표준 거리 통계는 각 연령별 인지도를 비교하는 데 매우 유익한 수단을 제공한다(Matthews, 1984: 94). 이 분석에서는 최대 인지 거리를 계산하여 인지 발달의 정도를 보았다. 이 분석에서 농촌 지역은 가정 주변 지역 인지도를, 도시 지역에서는 학교 주변 지역 인지도를 가지고 최대 인지 거리를 측정하였다. 1:5000 기본도를 이용하여 가정 주변 지역 인지도에서는 각 가정을 중심점으로, 학교 주변 지역 인지도에서는 학교를 중심점으로 최대 인지 거리를 측정하였다. 각 학년의 최대 인지 거리는 〈표 1-5〉와 같다. 이 값은 전체의 평균치이다. 변량 분석을 통하여 이 차이의 유의성을 알아본 결과, 매우 큰 의미가 있게 나타났다(표 1-6 참조). 분석 결과, 3학년에서 4학년 사이, 그리고 5학년에서 6학년 사이가 가장 큰 폭의 차이를 보이고 있다.

인지도 상에 나타난 연구 대상자들의 최대 인지 거리의 반경과 실제 지역의 크기는 공간 인식의 범위를 나타낼 수 있다. 인지 거리의 확대는 어느 정도 자유로운 이동과 공간 경험의 확대 결과로 생각할 수 있고, 공간 지식의 계층적 누적을 나타내는 것으로 생각된다.

표 1-5. 학년별 최대 인지 거리

(단위: m)

지역＼학년	2	3	4	5	6
농촌 지역	51.5	75.0	93.0	103.4	179.8
도시 지역	88.0	101.0	154.0	143.0	241.0

표 1-6. 학년별 최대 인지 거리의 변량 분석

변동요인	제곱합	자유도	평균 제곱	F값	유의 수준
주 요인	1,388,239,589	4	347,059,897	30.080	0.0
학년	1,388,239,589	4	347,059,897	30.080	0.0
설명값	1,388,239,589	4	347,059,897	30.080	0.0
잔차	3,646,018,510	316	11,538,033	–	–
합계	5,034,258,100	320	15,732,057	–	–

4) 최대 인지 거리와 공간 요소 합계와의 관계

최대 인지 거리와 공간 요소 합계와의 관계를 분석해 보았다(표 1-7 참조). 분석 결과, 환경 경험이 공간 인지 발달에 어느 정도 영향을 미치고 있음을 알 수 있다. 최대 인지 거리와 공간 요소 합계와의 상관도는 등굣길 인지도보다는 생활 지역 인지도에서, 농촌 지역보다는 도시 지역에서, 여학생보다는 남학생에게서 더 높은 상관관계를 나타냈다. 이것은 생활 지역, 도시 지역, 남학생이 환경 경험과 관련성이 커서 공간 인지 발달에 영향을 미치고 있는 것으로 볼 수 있다.

표 1-7. 최대 인지 거리와 제 요소의 상관관계

	인지도 종류		지역		성별	
	등굣길	생활 지역	농촌	도시	남학생	여학생
최대 인지 거리	0.18 (p=0.001)	0.44 (p=0.000)	0.47 (p=0.001)	0.65 (p=0.000)	0.53 (p=0.001)	0.35 (p=0.001)

4. 공간 관계 조직의 발달

공간 관계의 인지에서 중요한 요소는 준거 틀이다. 준거 틀을 가지기 위한 가장 기초적인 인자는 타인의 관점을 이해하는 일이다. 타인의 관점을 이해함으로써 공간 관계의 이해는 발달해 나간다. 공간 관계에 대한 연구는 공간에서 사람들이 자신을 위치시키는 정보 형태에 초점을 맞춘다. 이의 연구는 인지도를 가지고 행할 수 있는데, 좋은 인지도란 상징적으로 사물을 표현할 수 있는 능력뿐만 아니라, 공간 구조 안에서 정확하게 요소들을 배열할 수 있는 능력(Matthews, 1984: 98)도 의미한다.

공간 관계 조직의 발달 단계는 여러 사람들이 연구해 왔다. 피아제와 인헬더(Piaget and Inhelder, 1956)는 위상적 공간, 투영적 공간, 기하학적 공간의 세 단계로 주장한다. 위상적 공간에서는 근접성(proximity)과 분리(separation) 등으로 공간 관계를 조직해서, 이해 체계가 잘 정비되지 않아 대상에 집착하는 공간 관계를 보여 준다. 투영적 공간에서는 직선, 각, 곡선, 거리 등의 인식을 가지고 공간 관계를 조직하나 대상과 패턴이 아직도 고립되어 있다. 기하학적 공간에서는 각, 비율, 평행, 축척 개념을 가지고 공간을 조직해서, 모든 대상들을 종합화한 큰 네트워크로 만들 수 있다.

하트와 무어(Hart and Moore, 1973)는 자기중심적 준거 틀, 고정된 준거 틀, 종합화된 준거 틀로 보았고, 캐틀링(Catling, 1979)은 자기중심적 공간 이해 단계, 객관적 공간 이해 단계, 추상적 공간 이해 단계로 제시했다. 무어(Moore, 1973: 235-236)는 수준 I(미분화된 자기중심적 공간 표상), 수준 II(부분적 종합화된 표상), 수준 III(추상적 종합화된 표상)으로 구분하였다. 수준 I은 공간 요소와 사상(事象)을 자기중심적 관점으로 배열하여 비조직적이다. 공간 전체적인 면에서 지표물의 구성이 불가능하고 아동의 행동 면에서 사고하게 된다. 자기의 친구 집, 친척 등 관련된 지표물들을 개별적으로 인지하여 조직하는 단계이다. 수준 II는 부분적으로 분화가 되었지만 전체적인 체계로의 종합화는 불가능하다. 인지도 상에서 공간 요소들은 별개의 영역 안에서만 관련되어 있고, 지표물 간의 총체성을 인식하지 못한다. 수준 III은 모든 부분들이 전체의 일부로서 인식되고, 공간 요소의 위치와 정확성이 증가하고 방위 등을 이해할 수 있다.

이 장에서는 피아제와 무어의 분류에 기초하여 분석을 했다. 이 단계는 수준 I, 수준 II, 수준 III(그림 1-1 참조)으로 명명했고, 이를 기초로 두 학교의 평균치로 작성한 결과는 〈표 1-8〉이다. 카이 제곱(Chi-square) 검증을 통

그림 1-1. 공간 관계 조직의 발달 단계

수준 l

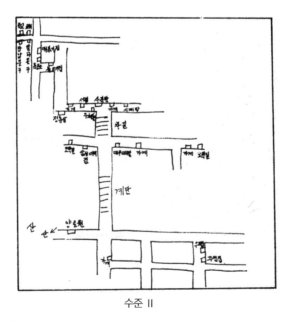

수준 ll

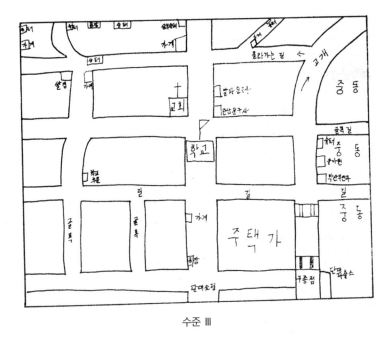

수준 Ⅲ

하여 학년 간 차이의 통계적 유의성을 조사해 본 결과, 통계적 의미가 있는 것으로 나타났다(표 1-8 참조). 즉, 공간 관계 조직 능력에 연령의 차이가 있음을 알 수 있다.

1~2학년의 경우, 수준 Ⅰ이 압도적으로 많았다. 이것은 건물들이 도로와 연계성을 가지지 못하고 개별적인 인지 대상으로 나타나고 있음을 말한다. 각각의 지표물을 전체의 일부로서 인식하지 못하고 전체로서 인지하고 있다. 이것은 애플야드(Appleyard, 1982)의 분산형 공간 인지, 캐틀링(Catling, 1978a)의 위상적 공간 인지, 피아제와 인헬더(Piaget & Inhelder, 1956)의 위상적 공간과 같은 개념으로 볼 수 있다. 이 단계에서는 단순히 기억하고 알고 있는 요소들을 보여 준다. 고도로 자기중심적 사고를 가지고 있어서 방향, 위치, 거리 등의 개념 이해가 부족한 단계(Boardman, 1983: 7)

이다. 즉, 전조작적 단계의 후반부에 속한다고 볼 수 있다.

수준 II는 3학년에서 상당수 나타나기 시작해 4, 5학년에서 지배적으로 나타난다. 3학년에서는 아직도 미분화된 공간 인지가 많지만, 수준 II의 비율이 증가한다. 4, 5학년에서는 미분화된 공간 인지에서 3/4 이상이 탈피한다. 즉, 공간 요소들의 관계를 조직할 수 있는 능력이 발달해서 고정된 준거 틀을 갖게 된다. 등굣길 주변, 가정 주변, 학교 주변 지역은 먼 지역, 즉 아동의 경험이 미치지 못한 지역보다 훨씬 상세하게 그린다(Naish, 1982: 44). 또한 결절점의 수가 증가한다.

수준 III은 5학년에서 두드러지게 증가하면서 6학년에서 최고를 나타낸다. 즉, 대부분의 학생이 정확성을 가지고 방향, 위치, 거리, 축척 등을 인지할 수 있고, 기호 사용 사례 수가 증가한다(표 1−10 참조).

분석 결과 3학년 이전에는 추상적 공간 인지 능력을 가지기는 매우 힘들고, 4학년부터 객관적 공간 이해를 하면서 획기적인 변화를 하고, 6학년에서 추상적 공간 이해를 하는 단계적 특성을 보여 주고 있다.

표 1−8. 공간 관계 조직의 발달 단계 분석

종류	학년 단계	1	2	3	4	5	6
등굣길 인지도	수준 I	35.0(17.6)	29.0(17.6)	23.5(17.6)	10.0(17.6)	7.5(17.6)	0.5(17.6)
	수준 II	(10.0)	6.0(10.0)	10.5(10.0)	19.0(10.0)	15.5(10.0)	9.0(10.0)
	수준 III	(7.4)	(7.4)	1.0(7.4)	6.0(7.4)	12.0(7.4)	25.5(7.4)
생활지역 인지도	수준 I	35.0(16.7)	28.0(16.7)	20.0(16.7)	9.5(16.7)	4.5(16.7)	3.0(16.7)
	수준 II	(11.0)	7.0(11.0)	13.0(11.0)	17.5(11.0)	19.0(11.0)	9.5(11.0)
	수준 III	(6.3)	(6.3)	2.0(6.3)	8.0(6.3)	11.5(6.3)	22.5(6.3)

등굣길 인지도: χ^2=142.9, df=10, p=0.001; 생활지역 인지도: χ^2=134.95, df=10, p=0.001;
( ): 예측치

5. 지도화 능력의 발달

5~8세 아동들은 기억에 의한 것이건 상상에 의한 것이건 자기가 생각할 수 있는 어떤 것이든지 그려낼 수(린스트럼, 1980: 34) 있다. 또한 아동은 의식적이든 무의식적이든 자신의 내부 세계를 우리에게 그려 보이려고 애쓸 뿐만 아니라, 외적인 물리적 세계의 어떤 한 현상을 정확하게 묘사해 내기를 원하고 있다(린스트럼, 1980: 20). 이런 면에서 지도화 역시 모든 학생이 가능하다는 전제하에서 분석을 진행하였다. 또한 3세의 아동도 인지도로 표현이 가능하다는 주장(Blaut and Stea, 1974: 5-9)도 있다.

여기에서는 3단계로 아동의 지도화 능력을 분석하였다(그림 1-2 참조). 제1단계는 가장 단순한 단계로서 공간의 외연화를 시행하는 초기 능력 단계이다. 즉, 그림 지도로 표현하는 단계이다. 하나의 단위에 관심의 초점을 맞추고 중요하다고 느껴지는 어느 부분만을 주관적이고 감정적으로 강조하거나 선택하곤(린스트럼, 1980: 35) 한다. 또한 평면에 3차원으로 사상을 표현하는 단계이다. 제2단계는 입체적 관점에서 평면적 관점으로 전환하는 단계이다. 즉, 지리적 공간 현상을 조감하는 단계이다. 이를 위해서 점, 선 등이 요구된다. 지표물 등을 표시하기 위한 몇 개의 기호가 나타나고, 기호화 능력이 없는 경우 언어로 표현하는 단계이다. 그러나 그림 지도 현상이 부분적으로 나타나는 경우도 있다. 제3단계는 완숙하게 공간 표현을 하는 단계이다. 기호와 언어가 혼합해서 나타나지만, 공간 현상을 완벽하게 평면화하고 적절한 위치에 공간 요소를 배치하는 단계이다. 이 3단계 구분을 가지고 분석한 결과는 〈표 1-9〉와 같다. 〈표 1-9〉는 두 학교의 평균치를 나타낸 것이다.

카이 제곱 검증을 이용하여 학년 간 차이의 통계적 유의성을 분석해 본 결

그림 1-2. 지도화의 발달 단계

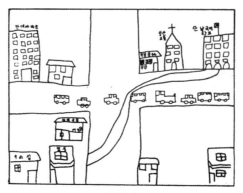

제1단계

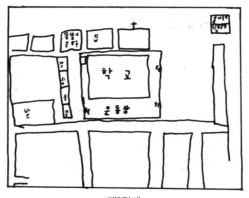

제2단계

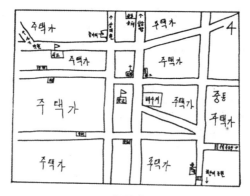

제3단계

어린이의 지리학

표 1-9. 지도화 능력 발달 단계 분석

종류	학년 단계	1	2	3	4	5	6
등굣 길 인 지도	제1단계	35.0(18.4)	29.5(18.4)	22.5(18.4)	15.0(18.4)	5.5(18.4)	3.0(18.4)
	제2단계	(12.2)	5.5(12.2)	11.0(12.2)	15.0(12.2)	24.5(12.2)	17.0(12.2)
	제3단계	(4.4)	(4.4)	1.5(4.4)	5.0(4.4)	5.0(4.4)	15.0(4.4)
생활 지역 인지 도	제1단계	33.5(18.0)	30.5(18.0)	26.0(18.0)	8.5(18.0)	7.5(18.0)	2.0(18.0)
	제2단계	1.5(11.9)	4.5(11.9)	8.0(11.9)	22.0(11.9)	21.5(11.9)	14.0(11.9)
	제3단계	(5.1)	(5.1)	1.0(5.1)	4.5(5.1)	6.0(5.1)	19.0(5.1)

등굣길 인지도: χ^2=142.9, df=10, p=0.001; 생활지역 인지도: χ^2=134.95, df=10, p=0.001;
( ): 예측치

표 1-10. 학년별 기호화 수

종류	학년 수	1	2	3	4	5	6
등굣길 인지도	0	35.0	27.5	20.0	2.5	5.0	4.5
	1~2	0.0	7.5	15.0	22.5	24.0	26.0
	3~4	0.0	0.0	0.0	10.0	6.0	4.5
생활 지역 인지도	0	34.0	28.0	23.5	8.0	10.5	4.0
	1~2	1.0	7.0	11.5	20.5	21.0	27.0
	3~4	0.0	0.0	0.0	4.5	2.5	3.5
	5~	0.0	0.0	0.0	2.0	1.0	0.5

과, 통계적 의미가 있는 것으로 나타났다(표 1-9 참조). 이 분석에서 아동은 연령이 증가함에 따라 공간 현상을 표현할 수 있는 능력이 발달함을 알 수 있다. 1학년에서는 거의 100%가 그림 지도 수준이었고, 3학년까지 제1단계가 지배적으로 나타났다. 4학년에서 평면적 관점이 급격한 상승을 이룬 후, 6학년에서 제3단계가 가장 많이 나타났다. 이 지도화 능력은 단순한 것만은 아니어서 읽고 쓰는 능력(literacy)과 계산 능력(numeracy) 등도 많이 작용

(Boardman, 1983: 39)하리라고 생각된다.

지도화의 중요 요소 중의 하나인 기호의 표시도 연령의 증가와 함께 발달한다(표 1-10 참조). 1학년은 모든 학생이 기호를 사용하지 못했고, 4학년부터 급격한 성장을 보여 주었다. 이것은 연령 증가에 따른 추상적 표현 능력의 발달과 학습을 많이 받은 학생이 더 많은 기호를 사용할 줄 앎을 나타낸다. 표현된 기호들의 종류는 〈표 1-11〉과 같다. 농촌 지역에서는 논, 밭, 학교 등을 주로 표시함으로써 지역 경관의 반영을 나타내고 있고, 도시 지역에서는 학교, 교회, 공장 등을 주로 표시하였다.

표 1-11. 지역별 기호화 내용

(단위: 평균 출현 빈도)

지역	내용\학년	논	밭	학교	산	다리	교회	과수원	목장
농촌 지역	1	1.0	0.0	0.0	0.0	0.0	0.0	0.0	0.0
	2	1.0	0.5	0.0	0.0	0.0	0.5	0.0	0.0
	3	12.5	1.0	0.0	0.0	0.0	0.5	0.0	0.0
	4	21.5	5.0	4.0	3.0	1.5	3.5	0.5	0.5
	5	12.0	2.5	2.5	0.0	1.5	1.0	0.0	0.0
	6	23.5	2.0	6.0	2.0	2.0	1.5	0.0	0.0
지역	학년	학교	교회	사찰	공장	논	밭	방위	산	다리
도시 지역	1	0.0	0.0	0.0	0.0	0.0	0.0	0.0	0.0	0.0
	2	1.0	12.5	0.0	0.0	0.0	0.0	0.0	0.0	0.0
	3	6.0	4.0	0.0	0.0	0.0	0.0	0.0	0.0	0.0
	4	24.0	21.5	8.5	3.5	1.5	2.0	3.0	0.0	0.0
	5	14.0	16.5	0.5	0.5	0.0	0.0	0.0	0.5	0.5
	6	39.5	24.5	1.0	1.0	0.0	1.0	3.5	0.5	0.0

어린이의 지리학

6. 공간 인지 능력 발달과 성별, 사회성, 도농과의 관계

공간 인지 능력과 여러 가지 변수와의 관계성 연구는 많이 진행되어 왔다. 주로 사용되는 변수로는 성별, 사회 계층, 이동성, 성적 등이다. 이 연구에서는 성별, 사회성, 도시와 농촌을 변수로 하여 공간 인지와의 관련성을 분석하였다.

1) 공간 인지와 성별의 관계

공간 요소와 성별

공간 요소와 성별과의 관계를 분석하기 위하여 T-검증과 변량 분석 방법을 사용하였다(표 1-12 참조). 먼저 등굣길 인지도의 공간 요소 전체 합계의 남녀 차이를 T-검증 분석한 결과, 통계적 유의성이 없는 것으로 나타났다. 이것을 지역별로 분석해 본 결과, 두 지역 모두 통계적 유의성이 없었다. 즉, 남녀의 공간 인지 차이는 없는 것으로 나타났다. 각 학년별 남녀 차이를 알

표 1-12. 공간 요소 수와 최대 인지 거리의 T-검증 결과

내용 분류	등굣길 인지도의 공간 요소 전체 합계				생활지역 인지도의 공간 요소 전체 합계				최대 인지 거리			
	평균		F값	유의도	평균		F값	유의도	평균		F값	유의도
	남	여			남	여			남	여		
전체	12.2	11.5	1.27	0.438	11.7	10.4	1.57	0.121	183.1	173.0	1.35	0.471
농촌 지역	8.1	8.3	1.07	0.783	9.9	8.5	1.42	0.170	228.8	230.6	2.03	0.943
도시 지역	15.2	13.9	1.32	0.280	13.0	11.7	1.67	0.298	155.7	137.7	1.69	0.149

표 1-13. 학년별 T-검증 결과

내용\학년	등굣길 인지도의 공간 요소 전체 합계				생활지역 인지도의 공간 요소 전체 합계				최대 인지 거리			
	평균		F값	유의도	평균		F값	유의도	평균		F값	유의도
	남	여			남	여			남	여		
1	4.0	3.5	1.67	0.588	2.3	1.9	1.44	0.149	0.0	0.0	0.0	0.0
2	6.5	6.9	1.33	0.723	6.1	7.3	1.53	0.283	93.0	82.9	3.54	0.523
3	7.4	9.8	1.61	0.759	7.5	6.5	1.95	0.338	114.6	151.1	11.58	0.307
4	14.5	12.2	1.10	0.219	13.5	12.8	1.17	0.548	174.3	161.7	2.34	0.540
5	15.5	14.9	1.62	0.737	16.2	13.7	1.17	0.090	187.5	157.4	1.00	0.153
6	22.7	21.4	1.37	0.612	24.3	19.5	2.18	0.047	307.3	275.9	1.17	0.279

아보기 위하여 같은 T-검증을 했다. 대체로 기술 통계치는 남자가 약간 높았지만 통계적 유의성은 없었다(표 1-13). 즉, 모든 학년에서 남녀의 차이는 없었다.

최대 인지 거리와 성별

최대 인지 거리의 성별에 따른 차이를 분석하기 위하여 T-검증을 실시하였다(표 1-12, 1-13 참조). 표에서 볼 수 있듯이 기술 통계치는 남녀에서 약간씩 차이가 나타나지만 통계적 유의성은 없었다. 즉, 남녀의 공간 인지 거리에는 차이가 없다고 볼 수 있다. 각 학년별 남녀 차이 역시 없는 것으로 볼 수 있다.

2) 공간 인지와 사회성의 관계

사회성은 타인과의 관계 속에서 나타나는 특성으로 사회화 과정에서 형성되는 인간적 특성을 일컫는 것으로 친구 또는 민주 시민으로서의 성격적 특성을 말한다(이정연, 1987: 265). 사회성 검사는 문장 해석 능력이 있는 2학년 이상의 학생을 대상으로 설문지를 통해서 조사하였고, 이 설문지는 정원식·김호권(1980)의 성격 진단 검사에 기초해서 작성하였다. 이 검사의 결과는 점수가 높을수록 사회적으로 미숙함을 의미하고, 낮을수록 사회적으로 성숙되었음을 의미한다. 이 점수를 기준으로 해서 공간 인지와의 관계를 상관관계 분석 방법으로 분석하였다.

공간 요소와 사회성의 상관관계를 보여 주는 것이 〈표 1-14〉이고, 각 학년별 상관관계를 보여 주는 것은 〈표 1-15〉이다. 여기서 아동의 사회성과 공간 인지는 상관관계가 없는 것을 알 수 있고, 지역 간에도 큰 차이가 없는

표 1-14. 지역별 공간 요소 전체 합계와 사회성의 상관관계

분류 \ 내용	등굣길 인지도의 공간 요소 전체 합계	생활지역 인지도의 공간 요소 전체 합계	최대 인지 거리
전체	0.1621(p=0.004)	0.1186(p=0.034)	0.0285(p=0.612)
농촌 지역	0.0527(p=0.568)	−0.0394(p=0.668)	0.0236(p=0.798)
도시 지역	0.1881(p=0.008)	0.1596(p=0.024)	0.0692(p=0.0331)

표 1-15. 학년별 공간 요소 전체 합계와 사회성의 상관관계

내용 \ 학년	등굣길 인지도의 공간 요소 전체 합계	생활지역 인지도의 공간 요소 전체 합계	최대 인지 거리
2	0.1037(p=0.524)	0.2195(p=0.0.154)	−0.1170(p=0.472)
3	0.3429(p=0.004)	0.0862(p=0.0.478)	−0.0448(p=0.712)
4	−0.0261(p=0.7830)	0.2226(p=0.064)	−0.1488(p=0.219)
5	−0.1840(p=0.127)	−0.2381(p=0.047)	−0.2015(p=0.047)
6	0.1321(p=0.731)	0.1375(p=0.705)	−0.1305(p=0.121)

※1학년은 사회성 조사에서 제외함.

것으로 나타났다. 각 학년별로도 상관관계가 거의 없는 것으로 나타났다. 즉, 사회성과 공간 인지는 서로 큰 관계가 없으며, 사회성이 공간 인지에 큰 영향을 미치지 못하고 있음을 알 수 있다.

3) 도시와 농촌의 공간 인지 차이

도시와 농촌은 서로 다른 경관을 소유하고 있음으로써 공간 인지의 차이를 보여 준다. 공간 요소 수를 비교하기 위하여 변량 분석을 해 본 결과, 도시가 농촌보다 훨씬 많은 인지 수를 나타내고 있다(표 1-16 참조). 즉, 도시가 훨씬 많은 현상을 제공하는 것으로 나타났다. 도시에서는 기능적 요소가 공간 인지의 대부분을 차지하고 자연적 요소가 낮게 나타나는 반면, 농촌에서는 자연적 요소가 상대적으로 많이 나타났다. 최대 인지 거리는 도시 지역이 농촌 지역보다 크게 나타났다(표 1-14 참조).

표 1-16. 농촌과 도시 지역의 공간 요소 합계의 변량 분석 결과

	변동요인	제곱합	자유도	평균 제곱	F값	유의 수준
농촌 지역	주 효과	4,481.307	1	4,481.307	73.564	0.000
	학교	4,481.307	11	4,481.307	73.564	0.000
	설명값	4,481.307	1	4,481.307	73.564	0.000
	잔차	111,767.073	193	60.917	–	–
	합계	16,238.379	194	83.917	–	–
도시 지역	주 효과	1,832.100	1	1,832.100	29.377	0.000
	학교	1,832.100	1	1,832.100	29.377	0.000
	설명값	1,832.100	218	1,832.100	29.377	0.000
	잔차	13,595.586	219	62.365	–	–
	합계	15,427.686		70.446	–	–

7. 결론

이 장에서는 인지도를 통해서 아동들의 공간 인지 능력의 발달과 제 요소와의 관련성을 살펴보았다. 그 결과, 아동은 연령이 증가하면서 공간의 인지 능력이 발달함을 알 수 있다. 공간 인지 능력의 발달에서 저학년 아동은 지표물을 중심으로 공간 인지가 발달하고, 연령이 증가하면서 통로, 건물 등을 상호 관련된 체계로 공간 인지를 한다. 개인의 기억과 행동 면에서 지표물을 중심으로 인지하는 단계, 점적인 공간 인지 단계에서, 통로, 결절점, 지구를 중심으로 하는 선, 면적인 공간 인지로 발달한다. 또한 연령이 증가하면서 공간 인지 거리도 확대됨을 알 수 있었다. 이는 경험의 축적, 자유로운 이동, 공간 경험의 확대 등으로 인한 결과로서 공간 지식의 계층적 누적 성향을 나타낸다.

공간 관계 조직의 발달에서 저학년은 공간 전체적인 면에서 공간 인지가 불가능하므로 자기중심적 공간 조직을 가진다. 4학년이 되면서 자기중심적인 공간 관계 인지에서 탈피한다. 6학년부터 추상적인 공간 이해를 함으로써 연령의 증가에 따른 공간 이해의 단계적 특성을 보여 준다.

지도화 능력은 단순한 그림 지도 수준에서 평면적 관점으로 발달한다. 이 지도화 능력은 연령의 증가와 함께 대체로 발달하고 지도 학습 정도, 읽고 쓰는 능력, 계산 능력 등이 복합적으로 작용한 결과라고 생각한다.

공간 인지 능력과 성별, 사회성의 관계는 큰 상관도가 없는 것으로 나타났다. 반면 도시와 농촌의 공간 인지 요소의 차이가 나타나고 있다. 대체로 공간 인지 능력은 연령의 증가와 함께 발달하는데, 만 10세경에 가장 급격한 변화를 보여 주었다. 공간 개념의 발달은 정태적 지각 공간의 지식 수준에서 관념적 공간의 이해로 발달하는데 만 10세가 전환점이 될 수 있다.

아동의 공간 이해 정도를 제시함으로써 지리 교육의 개념 학습에 큰 도움을 줄 수 있을 것이다. 아동의 공간 인지 능력에 대한 연구는 다양한 측면에서 계속 연구되어야 할 것이고 , 이의 축적된 결과를 가지고 지리 교육과정 계획 등이 이루어져야 할 것이다.

제2장

–

어린이의 세계 이해도 발달

–

1. 서론

초등학생들은 성장을 하면서 세계와 직·간접적인 경험과 활동을 통하여 세계 이해도를 넓혀 간다. 이 장에서는 초등학생들의 세계 이해도가 어떻게 발달하는지 초등학생들을 대상으로 살펴보고, 이 발달에 영향을 준 요인에 대해서 알아보고자 한다. 그리고 초등학생들의 세계 이해도가 급격히 발달하는 시기를 알아보고, 학생들의 세계 이해도의 발달 과정에서 나타나는 오해에 대해서도 살펴보고자 한다. 이 세계 이해도의 오해에 대해 파악하는 것은 초등학생들에게 세계지리를 가르치는 데 있어서 지침을 얻을 수 있을 것이다.

이 장에서는 세계 이해도를 지구상의 세계 국가들에 대해 아는 정도로 정의하고자 한다. 여기서 세계 국가들을 아는 정도는 그 초보적인 단계로서 국가의 이름을 정확하게 아는 것으로 파악하고자 한다. 초등학생들이 세계 국가의 이름을 안다는 것은 우리나라를 포함한 세계 국가들에 대한 관심도를 보여 주고, 세계 국가의 위치에 대한 개략적인 이해를 담보해 준다고 본다.

여기서는 초등학교 1학년에서 6학년까지의 학생들을 대상으로 세계 이해도를 살펴보았다. 이 연구는 전주시 J초등학교의 6개 학급 168명을 대상으로 실시되었다(표 2-1 참조). 연구의 대상은 전주시의 J초등학교에서 학년마다 한 학급을 임의적으로 선택하여 실시하였다. 남녀의 성비는 조정하지 않았으나 그 성비는 크게 차이가 나지 않았다. 초등학생들의 세계 이해도 발달을 알아보기 위하여 학생들에게 '자신이 알고 있는 나라의 이름'을 아는 대로 적게 하고, '이 나라를 어떻게 알게 되었는가'를 적도록 하였다. 그리고 필요한 경우 초등학생들과의 면담을 통하여 이 나라들을 잘못 알게 된 배경을 알아보았다.

이 연구의 주요 절차는 다음과 같다. 먼저, 전주시 J초등학교의 한 학급을 무작위로 표집하여 그들을 대상으로 설문을 통해 세계 이해도를 알아보았다. 다음으로 설문에 응한 초등학생들을 대상으로 간단한 면담을 하였다. 그리고 설문을 학년별로 분석하고, 결과에 영향을 미친 주요 인자들을 살펴보며 학생들의 오해 유형을 분석하였다. 이 분석은 기술 통계를 중심으로 이루

표 2-1. 연구 대상

(단위: 명)

학년	남학생	여학생	합계
1	15	14	29
2	15	12	27
3	15	15	30
4	15	13	28
5	14	16	30
6	11	13	24
합계	85	83	168

어졌다. 마지막으로 이 결과가 지리 교육에 주는 의미를 논의하였다.

2. 초등학생의 세계 이해도 발달 분석

1) 세계 이해도의 학년별 분석

초등학생들의 세계 이해도의 학년별 분석은 학년에 따른 세계 이해도의 차이를 알아보는 데 목적이 있다. 여기서는 종단적 분석을 통하여 세계 이해도 변화를 알아보았다.

세계 이해도의 학년별 분석은 해당 초등학생들이 인식한 총 국가 수를 살펴보고, 학생 1인당 국가 수를 알아보는 것으로 실시되었다. 연구 대상 학생들은 평균 14.4개 국가를 인지하고 있는 것으로 나타났다(표 2-2, 그림 2-1 참조). 학년별로 살펴보면, 1학년은 평균 7.2, 2학년은 8.5, 3학년은 9.2, 4학년은 16.4, 5학년은 19.8, 그리고 6학년은 25.3개 국가를 알고 있었다. 전반적으로 학년이 올라갈수록 학생들의 세계 국가 이해도는 높아지고 있음을

표 2-2. 학년별 이해 국가 수

학년	총 국가 수	평균 국가 수
1	208	7.2
2	229	8.5
3	276	9.2
4	458	16.4
5	594	19.8
6	607	25.3
평균	395.3	14.4

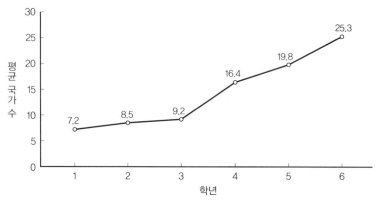
그림 2-1. 학년별 이해 국가 수의 변화

표 2-3. 대륙별 평균 이해 국가 수

학년	아시아	유럽	북아메리카	남아메리카	아프리카	오세아니아	합계
1	2.6	2.5	1.0	0.4	0.6	0.0	7.1
2	3.7	2.8	1.1	0.5	0.1	0.1	8.3
3	2.8	4.2	1.1	0.7	0.3	0.1	9.2
4	5.8	5.6	1.9	0.8	0.8	1.1	16.0
5	5.7	8.3	1.8	1.8	0.8	1.2	19.6
6	8.1	10.2	2.6	2.3	1.2	0.9	25.3
평균	4.78	5.60	1.58	1.08	0.63	0.57	14.25

알 수 있다. 1학년과 6학년의 국가 이해도는 3.5배의 차이를 보였다. 초등학생들의 국가 이해도에서 가장 급격한 성장을 보이는 때는 4학년으로 나타났다. 이를 토대로 볼 때, 초등학생들의 세계 국가 이해도는 대략 11세에 가장 큰 변화를 보이는 것으로 볼 수 있다. 이 점에서 보면 11세, 즉 4학년 시기가 학생들의 세계 이해 교육에서 가장 중요한 시기라고 볼 수 있다.

대륙별로 보면, 학생들은 전체적으로는 유럽 대륙 국가에 대한 인식이 평균 5.6개 국가로서 가장 높게 나타났고, 다음으로 아시아 국가가 4.78, 북아

어린이의 지리학

메리카 국가가 1.58로 나타났다(표 2-3 참조). 그리고 남아메리카, 아프리카 그리고 오세아니아 대륙 순으로 나타났다. 유럽 국가에 대한 인식이 가장 높게 나타난 반면, 아프리카와 오세아니아 국가들에 대한 이해가 가장 낮게 나타났다. 북아메리카 지역의 경우 전체 국가 비율에 따른 이해도는 가장 높게 나타났다. 유럽과 아시아 국가들에 대한 이해도는 학년이 올라가면서, 특히 4학년을 전후하여 가장 크게 신장하고 있는 반면, 남아메리카, 아프리카와 오세아니아는 학년의 증가에 상관없이 이해도가 낮았다. 이는 해당 대륙의 국가들과 우리나라와의 관계가 상대적으로 적으며, 각종 대중 매체에서의 관심도가 낮은 데서 기인한 것으로 생각된다.

초등학생들이 이해하고 있는 세계 국가 수는 학년이 높아가면서 그 숫자가 증가하고 있다. 이 국가 수는 학년마다 한번이라도 언급된 국가를 합한 결과이다. 초등학생들이 언급한 국가 수를 보면, 1학년이 34개국으로 가장 낮게 나타났고, 5학년이 70개국으로 가장 높게 나타났다. 그리고 6학년은 63개국으로 나타났다(표 2-4 참조). 그리고 대륙별로 이해 국가 수를 살펴보면 아시아의 경우 평균 16.5개국으로 나타났고, 평균을 넘어서는 시기이자 급격한 변화를 가져오는 시기는 4학년으로 나타났다. 유럽의 경우 평균

표 2-4. 대륙별 이해 국가 수

학년	아시아	유럽	북아메리카	남아메리카	아프리카	오세아니아	합계
1	8	12	3	3	7	1	34
2	14	15	3	1	2	2	37
3	13	17	3	5	4	2	44
4	18	22	3	5	6	3	57
5	25	22	3	10	6	4	70
6	21	23	3	7	7	2	63
평균	16.50	18.50	3.00	5.17	5.33	2.33	50.83

18.5개국이며 이를 넘어서는 시기도 4학년으로 나타났다. 북아메리카의 경우는 3개국이 전부여서 인지가 비교적 쉬운 것으로 판단된다. 남아메리카의 경우, 평균 5.17개국으로서 5학년에서 평균 이해 국가를 넘어서고 있다. 아프리카의 경우 다른 대륙에 비해서 낮은 이해도를 나타내고 있다. 1학년에서 아프리카의 국가 수가 7개국으로 나타나고 있는 점은 특기할 만하다. 그러나 이는 사전 학습의 영향을 받은 것으로 보인다. 오세아니아의 경우, 평균 2.33개국의 이해도를 가지고 있었으며, 4학년의 평균 이해 국가를 넘어서고 있다.

다음으로 학생들이 50% 이상의 이해도를 지니고 있는 국가들을 대륙별로 살펴보았다(표 2-5 참조). 아시아의 경우, 주로 동부아시아의 한국, 중국, 일본을 중심으로 그 이해도가 높게 나타나고, 4학년부터 이라크, 사우디아라비아 등 서남아시아 국가로의 이해가 확대되고 있다. 그리고 6학년에서는 동남아시아와 중앙아시아로 그 이해의 폭을 확대하고 있다. 이를 통해 아시아 대륙 국가에 대한 이해는 동부아시아 → 서남아시아 → 동남 및 중앙아시아 국가로 그 이해의 지평을 넓히고 있음을 볼 수 있다. 그리고 아시아에서 국가 이해도의 순위는 1, 2학년까지는 일본이, 3학년부터는 중국이 가장 높은 이해도를 보였다.

표 2-5. 학생들이 50% 이상의 이해도를 지닌 국가들

(단위: %)

대륙 학년	아시아	유럽	북아메리카	남아메리카	아프 리카	오세아 니아
1	일본(75.9) 중국(62.1) 한국(51.7)	프랑스(51.7)	미국 (79.3)			
2	일본(81.5) 중국(77.8) 한국(63.0)	프랑스(63.0) 영국(51.9)	미국 (85.2)	브라질 (51.9)		

3	중국(76.7) 일본(66.7)	프랑스(60.0) 폴란드(56.7) 독일(50.0) 영국(50.0)	미국 (86.7)			
4	중국(92.9) 일본(85.7) 한국(78.6) 이라크(64.3) 사우디 아라비아 (50.0)	포르투갈 (60.7) 프랑스(57.1) 그리스(57.1)	미국(85.7) 캐나다 (64.3)	브라질 (53.6)		호주 (67.9)
5	중국(90.0) 일본(83.3) 한국(70.0) 이라크(66.7)	독일(76.7) 프랑스(56.7) 포르투갈 (56.7) 그리스(56.7) 네덜란드 (53.3) 영국(53.3) 스페인(50.0) 이탈리아 (50.0)	미국(90.0) 멕시코 (50.0)	브라질 (56.7)		뉴질랜드 (56.7) 호주 (53.3)
6	일본(95.8) 이라크(95.8) 중국(91.7) 한국(83.3) 태국(83.3) 우즈베 키스탄 (58.3) 이란(54.2)	포르투갈 (87.5) 러시아(83.3) 네덜란드 (79.2) 독일(75.0) 터키(75.0) 영국(75.0) 오스트리아 (62.5) 프랑스(62.5) 폴란드(62.5) 체코(58.3) 스위스(54.2) 스페인(50.0)	미국(100.0) 멕시코 (87.5) 캐나다 (70.8)	아르헨티나 (83.3) 브라질 (79.2)		호주 (79.2)

유럽의 경우, 프랑스와 영국을 중심으로 그 이해도가 높게 나타나고 있으며, 5학년에서 이해도의 차이가 가장 크게 나타났다. 1, 2, 3, 4학년까지는 프랑스, 영국, 그리스와 폴란드 등 2~3개국, 5학년에서는 8개국, 그리고 6학년에서는 12개국이 50% 이상의 이해도를 나타냈다. 유럽 대륙에서 1~3학년은 프랑스, 영국, 독일 등의 서부 유럽을 중심으로 이해도를 보이고 있으며, 4학년에서는 그리스, 포르투갈 등의 남부 유럽 국가를, 5학년에서는 네덜란드 등의 서부 유럽 국가와 스페인, 이탈리아 등의 남부 유럽 국가로 이해의 지평을 넓히고 있다. 그리고 6학년에서는 러시아, 체코, 폴란드, 터키 등의 동부 유럽과 오스트리아와 스위스 등의 알프스 산맥 국가들로 서부 유럽의 이해 폭을 심화시키고 있다. 이를 통해서 볼 때, 학생들은 학년이 높아가면서 서부 유럽 → 남부 유럽 → 동부 유럽으로 이해도를 넓히고 있음을 알 수 있다. 그리고 학년이 높아지면서 서부 유럽의 지평도 영국과 프랑스 중심에서 북으로는 네덜란드 등의 북해 지역으로, 동으로는 스위스, 오스트리아 등의 알프스 산맥 지역으로 그 이해의 지평을 확대하고 있다. 한편, 북부 유럽에 대한 이해는 전혀 나타나지 않고 있다.

북아메리카의 경우, 1학년부터 3학년까지는 절대적으로 미국을 중심으로 이해를 나타내고, 4학년에 캐나다, 5학년에 멕시코로 이해를 넓혀 갔다. 남아메리카의 경우, 2학년부터 브라질이 절대 우위의 이해도를 보였고, 6학년에 가서 아르헨티나를 이해하고 있다. 학생들은 중앙아메리카와 안데스 산지의 국가들에 대해서는 전혀 이해하지 못하였다. 아프리카의 경우, 한 국가도 50% 이상의 이해도를 가지지 못하였다. 오세아니아의 경우, 4학년이 되어서 호주를 중심으로, 그리고 5학년에 들어서서는 뉴질랜드가 이해되고 있다. 태평양의 작은 국가들은 이해도가 전혀 나타나지 않았다.

다음으로 학년별로 국가 이해도의 순위를 살펴보았다. 여기서는 학년별로 가장 높은 이해도를 보인 5개국을 살펴보았는데, 그 기준은 이해 비율로 설정하였다. 그리고 그 비율이 같은 나라들은 동 순위로 분류하였다. 상위 순위에서 동 순위가 나타날 경우, 다음 순위를 빼지 않고 순위를 매겼다. 먼저 1학년의 경우, 이 국가 중에서 가장 높은 이해도를 보인 나라로는 미국, 일본, 중국, 프랑스와 한국 순으로 나타났다. 2학년의 경우, 미국, 일본, 중국, 프랑스와 한국, 영국과 브라질 순으로 나타났다. 3학년의 경우, 미국, 중국, 일본, 프랑스, 폴란드 순으로, 4학년은 중국, 미국과 일본, 한국, 호주, 캐나다와 이라크 순으로, 5학년은 미국과 중국, 일본, 독일, 한국, 이라크 순으로, 그리고 6학년은 미국, 일본과 이라크, 중국, 멕시코, 한국과 러시아와 태국과 아르헨티나 순으로 나타났다(표 2-6 참조).

초등학생들이 가장 높은 이해도를 보인 아시아 국가로는 일본이 가장 높

표 2-6. 학년별 국가 이해도 순위

(단위: %)

순위 학년	1위	2위	3위	4위	5위	평균
1	미국 (79.3)	일본 (75.9)	중국 (62.1)	프랑스, 한국 (51.7)	영국 (44.8)	50.3
2	미국 (85.2)	일본 (81.5)	중국 (77.8)	프랑스, 한국 (63.0)	영국, 브라질 (51.9)	71.9
3	미국 (86.7)	중국 (76.7)	일본 (66.7)	프랑스 (60.0)	폴란드 (56.7)	69.4
4	중국 (92.9)	미국, 일본 (85.7)	한국 (78.6)	호주 (67.9)	캐나다, 이라크 (64.3)	77.9
5	미국, 중국 (90.0)	일본(83.3)	독일 (76.7)	한국 (78.6)	이라크 (66.7)	79.1
6	미국 (100.0)	일본, 이라크 (95.8)	중국 (91.7)	멕시코 (87.5)	한국, 러시아, 태국, 아르헨 티나 (83.3)	91.7

고, 중국과 한국이 다음을 이루고, 이라크, 태국, 북한 순으로 나타났다. 유럽 국가로는 프랑스, 영국, 러시아 순으로 이해도가 높게 나타났다. 그리고 이탈리아, 그리스와 독일이 그 뒤를 잇고 있다. 북아메리카 국가로는 미국과 캐나다가 높게 나타났고, 멕시코는 단 1명만이 나타났다. 남아메리카는 브라질과 콜롬비아가, 아프리카는 세네갈과 가봉이, 그리고 오세아니아는 호주가 높게 나타났다. 여기서 특기할 만한 것은 폴란드, 이라크, 멕시코, 태국, 아르헨티나이다. 폴란드는 월드컵 축구로, 이라크는 미국과의 이라크 전쟁으로, 그리고 멕시코와 아르헨티나는 월드컵 축구로, 그리고 태국은 학습과 여행 경험으로 인하여 그 이해도가 높게 나타난 것으로 사료된다.

전체적으로 보면, 학생들은 미국에 대한 이해도가 가장 높게 형성되어 있고, 학년이 올라갈수록 그 이해도는 더욱 높아지고 있다. 1위에서 5위까지의 국가 이해도로 보면, 상위 5개국들의 이해도는 학년이 올라갈수록 증가하고 있다. 1학년은 평균 50.3%, 2학년은 71.9%, 3학년은 69.4%, 4학년은 77.9%, 5학년은 79.1%, 그리고 6학년은 91.7%의 이해도를 나타내었다. 이 중에서 가장 큰 변화를 보인 학년은 2학년이며 다음으로 6학년이다.

특히 한국과 북한을 살펴보고자 한다(표 2-7 참조). 여기서 한국의 이해도는 한국을 세계 속의 한 국가로서 인식하고 있는 정도를 의미하고, 북한의 이해도는 북한을 하나의 국가로서 인정하는 정도이다. 한국은 평균 63.1%의 초등학생들이 세계 속의 한 국가로서 인식을 하고 있다. 이는 한국을 보

표 2-7. 한국과 북한에 대한 이해도

(단위: %)

국가＼학년	1	2	3	4	5	6	평균
한국	51.7	63.0	23.3	78.6	78.6	83.3	63.1
북한	17.2	37.0	6.7	25.0	46.7	4.2	22.8

다 객관적으로 이해하는 데 도움이 될 수 있다. 3학년이 한국에 대해 가장 낮은 이해도를 보였고, 6학년에서 가장 높은 이해도를 보였다. 전반적으로 한국에 대한 이해도는 학년이 올라가면서 높아지는 경향을 보이고 있다. 3학년에서 다소 낮게 나타난 것은 초등학생들에게 문제를 제시한 교사가 외국을 지나치게 강조한 데서 기인한 것으로 보인다. 한편 북한은 22.8%가 하나의 국가로서 인식하고 있다. 학년 간의 이해도는 그 편차가 크게 나타나고 있다. 가장 높은 학년은 5학년이고, 낮은 학년은 3학년(6.7%)과 6학년(4.2%)이다. 3학년에서 낮은 이해도를 보이는 것은 앞의 경우인 한국과 마찬가지로 교사 변인에 의한 오류로 보인다. 그러나 6학년은 세계지리를 배우는 단계에서 북한을 국가로 다루지 않은 데서 기인한 것으로 사료된다. 북한을 하나의 국가로서 인정하는 것은 북한의 실존적 현실을 이해하는 것이고, 지나치게 국가로 인정하는 경우 통일에 대한 염원 등이 약해질 수 있는 가능성을 동시에 가지고 있다고 말할 수 있다.

2) 초등학생의 세계 이해도에 미친 인자 분석

여기서는 초등학생의 세계 이해도에 영향을 준 인자들을 살펴보았다(표 2-8, 그림 2-2 참조). 학년에 따라서 어떤 인자들이 크게 영향을 주고 있는지에 대해서 살펴보고자 한다. 응답자를 중심으로 그 비율을 알아보는 것으로 분석하고자 한다.

전체적으로 학생들의 세계 이해도에 영향을 주는 인자로는 지도가 가장 큰 비율을 차지하였다. 다음으로 책과 축구를 들 수 있다. 학생들이 읽는 책은 세계 여러 나라를 소개해주는 통로가 되고 있고, 이것이 학생들의 세계 이해도에 큰 영향을 주고 있다. 축구는 월드컵 축구대회와 세계 각국과의 국

표 2-8. 세계 이해도에 미친 인자

(n: 210명, 단위: %)

인자	지도	책	축구	TV	게임	여행	부모님
비율	29.5	22.4	17.1	8.1	5.7	3.8	3.3
인자	인터넷	신문	친척 거주	지구본	교육	친구	영화
비율	3.3	1.0	1.0	1.4	1.4	1.0	1.0

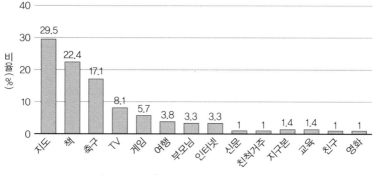

그림 2-2. 초등학생의 세계 이해도에 미친 인자

가대항전이 큰 영향을 주고 있다. 이는 초등학생들이 월드컵대회에서 한국
과의 경기를 한 나라에 대한 이해도가 높거나 축구로 유명한 국가들인 브
라질, 아르헨티나, 프랑스, 멕시코 등에 대한 이해도가 높게 나타난 점으로
도 확인할 수 있다. 다음으로 TV와 게임이 세계 이해도에 영향을 주고 있다.
TV에서 다루는 각국의 생활 모습이나 게임 속에 나오는 국가 배경이 학생
들의 이해도에 영향을 주고 있는 것으로 생각된다. 그리고 여행, 부모님, 인
터넷, 신문, 교육, 영화 등은 그 영향 정도가 매우 낮게 나타났다. 이 점은 학
생들의 세계 이해도에 기존에 통념적으로 생각하던 인자들의 영향 정도가
낮음을 보여주고 있다. 또한 인터넷의 영향도 매우 낮고 교육을 통한 영향도
가 낮게 나타났다. 인터넷은 주로 해외 사이트보다는 국내 사이트에 접속하
기에 그런 듯하고, 학교 교육은 6학년에 되어서야 세계지리를 배우기 때문

인 것으로 생각된다. 그럼에도 불구하고 학생들이 지도, 책, 축구, TV 등의 사회 교육을 통해서 세계 여러 나라를 이해해 가고 있음을 알 수 있다. 이 점은 지리 교육에도 시사하는 바가 큰데, 지리 교육에서 지도나 책을 적극적으로 활용할 필요가 있음도 보여주고 있다.

이 인자들을 학년별로 보다 구체적으로 살펴보면, 1학년은 지도(84.2%)가 가장 높게 영향을 주었고, 부모님과의 여행이나 게임이 매우 낮은 영향을 주는 것으로 나타났다. 2학년은 지도가 높은 비중을 차지하였고, 여행 또는 아버지가 다녀오셔서, 친척 거주, 뉴스와 컴퓨터를 통해 알게 되었다는 등 다양한 인자들이 영향을 주고 있다. 3학년의 경우, 축구(37.9%)와 지도(31.0%)가 가장 큰 영향을 주었다. 월드컵 축구 등이 영향을 준 것으로 보인다. 그리고 책, TV, 컴퓨터도 영향을 주었지만 그 영향 정도는 낮은 것으로 나타났다. 4학년의 경우, 지도(40.7%)를 위주로 해서, 여행, 축구, 게임과 책 등이 영향을 주고 있다. 5학년 학생들은 인터넷, 지도, 책, 게임, 축구, TV, 여행, 영화 등 다양한 인자들이 고루 영향을 주고 있었다. 마지막으로 6학년은 축구(58.3%)가 가장 큰 영향을 주었고 월드컵 대회의 영향인 것으로 생각된다. 학년별로 살펴볼 때, 학년이 높아가면서 1순위 인자의 영향 정도가 낮아지고, 영향을 주는 인자들의 수가 증가함을 알 수 있다. 5학년에서 변인 변화가 가장 크게 나타나고 있음을 알 수 있다.

3) 초등학생의 세계 이해도에 관한 오해

초등학생의 세계 이해도에서 나타난 오류는 크게 네 가지로 분류되는데, 대륙을 국가로 오해하는 경우, 도시를 국가로 오해하는 경우, 그리고 한 국가의 지방을 국가로 오해하는 경우, 그리고 그 밖의 경우가 있다.

대륙을 국가로 오해하는 경우

대륙을 국가로 오해하는 경우는 총 85명이었다(그림 2-3 참조). 대륙을 국가로 오해하는 경우의 57.6%는 아프리카를 국가로 보았다. 상대적으로 아프리카에 대한 이해도가 가장 낮았기 때문에 그 오류가 높게 나타난 것으로 생각된다. 다음으로는 아시아를 국가로 오해하는 경우도 15.3%였다. 그 뒤를 이어서 유럽과 북미였다. 남녀 간의 오개념 비교는 아프리카를 제외하고는 모두 비슷한 분포를 보이고 있다. 유난히 아프리카의 경우는 여자가 남자의 2배 정도의 오개념을 가지고 있는 것으로 나타나고 있다.

이를 학년별로 살펴보면, 1학년의 전체 학생 중 7.7%가 아시아와 아프리카를 국가로 착각하였다. 또한 남극과 아메리카를 국가로 오해한 경우는 2.4%이었다. 2학년은 1학년과 마찬가지로, 아시아와 아프리카 대륙을 국가로 알고 있는 경우가 대부분이었는데 4.8%로 나타났고, 유럽을 대륙으로 인식한 경우도 3.1%를 보였다. 또한 북극을 국가로 오해하는 경우도 나타났다. 또한 단순히 외국이라고 언급한 학생은 0.4%이었다. 3학년도 아프리카와 아시아를 국가로 생각하는 학생들이 많이 나타났다. 이 중에서도 아프리카를 국가로 인식한 학생이 6.5%에 이르고 있었다. 그리고 다른 학년에 비

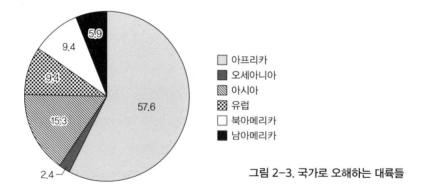

그림 2-3. 국가로 오해하는 대륙들

해서 아메리카를 국가로 잘못 인식한 비율이 높았는데, 이는 2.5%에 이르고 있다. 4학년도 아프리카를 국가로 오해한 학생이 1.5%로 나타났다. 5학년은 대륙을 국가로 오해하는 경우가 눈에 띄게 줄어들었는데, 아프리카를 여전히 국가로 오해한 비율이 0.7%로 나타났다. 그리고 아시아, 북극, 남극, 오세아니아를 국가로 생각한 학생들도 각각 0.2%씩 나타났다. 마지막으로 6학년은 아프리카를 국가로 오해한 학생은 0.5%로 매우 낮게 나타났다. 그리고 유럽, 아시아, 남아메리카, 남극을 국가로 오해한 학생이 각각 0.2%로 나타났다.

도시를 국가로 오해하는 경우

도시를 국가로 오해하는 경우는 홍콩(18명), 마닐라(2명), 파리(6명), 아테네(2명) 등이 대표적이다. 여기서는 학년별로 학생들이 도시를 국가로 오해하는 사례를 살펴보았다.

1학년은 대구를 국가로 생각하는 학생이 2명이 있고, 마닐라, 파리와 아테네를 국가로 이해한 학생도 1명이 있다. 그리고 사막을 국가로 오해한 학생도 있다. 2학년은 파리를 국가로 오해한 학생(2명)과 파리와 프랑스를 각각 국가로 오해한 학생(1명)이 있다. 3학년은 뉴욕(2명)을 국가로 오해했고, 런던, 마닐라, 이스탄불, 카이로, 도쿄, 하와이, 마드리드, 로마를 국가로 오해한 학생이 각 1명이 있다. 그리고 단순히 외국이라고 인식한 학생(1명)도 있다. 4학년은 바르샤바, 모스크바, 런던, 뉴욕을 국가로 인식한 학생이 1명이 있다. 5학년은 자카르타, 로마, 파리, 홍콩, 뉴욕, 워싱턴, 아테네, 빅토리아, 예루살렘 등을 국가로 인식하였다. 홍콩의 경우, 1999년 중국에 반환된 후 중국의 도시임을 아직도 인식하지 못하고 독립국으로 여기고 있었다. 6학년은 홍콩, 런던, LA, 파리를 국가로 인식하였다.

한 국가의 지방을 국가로 오해하는 경우

학생들이 한 국가의 지방을 국가로 오해하는 경우도 나타났다. 이는 국가와 지방의 포섭관계를 이해하지 못하는데서, 그리고 그 둘을 별개의 사항으로 이해하는데서 비롯된 것으로 생각된다. 학생들은 잉글랜드를 국가로 가장 많은 오해를 하였다. 잉글랜드를 국가로 오해하는 것은 잉글랜드, 스코틀랜드와 웨일즈가 월드컵 대회 예선이나 본선에 각각 진출함으로써 그리고 잉글랜드라는 영어 표기의 익숙함에서 빚어진 것으로 보인다. 이를 구체적으로 살펴보면, 먼저 1학년, 2학년은 이런 오해를 한 학생이 없었고, 3학년은 잉글랜드를 국가로 오해한 학생이 10명이나 되었다. 또한 시베리아, 아마존, 캘리포니아, 하와이를 각 1명이, 그리고 외국을 2명이 국가로 오해하였다. 4학년은 없고, 5학년은 트로이, 알래스카, 잉글랜드 등을 국가로 오해하였다. 그리고 6학년은 그린란드, 아라비아, 시베리아, 괌, 사이판, 잉글랜드를 국가로 오해하는 경우가 나타났다.

기타

먼저, 동국이명(同國異名)을 혼동하는 경우를 들 수 있다. 학생들이 같은 국가를 칭하는 명칭이 다른 경우 이 둘을 혼동하는 경우가 그것이다. 이는 4, 5, 6학년에서 나타나는 현상으로서, 오스트레일리아와 호주, 도이칠란트와 독일, 에스파냐와 스페인, 타이와 태국을 구분하지 못하는 학생들이 나타났다. 그리고 국가가 해체된 경우를 들 수 있다. 6학년 학생은 이미 해체된 소련을 국가로 이해하기도 하였다.

어린이의 지리학

3. 분석 결과에 대한 논의: 결론을 대신하여

이 장에서는 학생들의 세계 이해도의 발달에 대해 살펴보았다. 이 분석 결과를 토대로 보면, 학생들의 세계 이해도는 전체적으로 연령의 증가에 따라서 그 이해도가 발달함을 알 수 있다. 그 발달은 1학년에서 3학년까지는 점진적으로 나타나고, 4학년이 되면서 급격하게 성장하고 있다. 그리고 6학년까지 지속적인 성장이 나타나고 있다. 4학년에서 6학년까지의 성장은 1학년에서 3학년까지의 발달률보다 3~7배 정도의 급격한 발달률을 보이고 있다. 기본적으로 4학년, 즉 만 10세 전후로 세계 이해도의 급격한 성장이 나타나며, 그 이후로 매우 빠른 속도로 성장이 나타나고 있다고 볼 수 있다.

이런 결과는 학생들의 발달단계로 보면 피아제의 구체적 조작기 말기에 세계 이해도가 크게 발달함을 보여준다.

그리고 초등학생들의 세계 이해도를 6학년의 평균 이해 국가 수와 대륙별 전체 국가 수의 대비로 살펴보면 유럽 국가에 대한 이해가 가장 높게 나타났다(그림 2-4 참조). 그리고 아시아와 남아메리카, 북아메리카, 오세아니아, 아프리카 대륙 순으로 이해도가 낮게 나타났다. 북아메리카의 경우는 중앙아메리카의 국가들을 포함시켜 그 이해 비율이 낮게 나타났다. 아프리카의 경우는 가장 심각하게 낮은 수준으로 나타났다. 세계 이해도는 사회 교과서나 수업시간에 우리와 관련이 깊은 나라 중심으로 가르치면서, 이 국가들에 대한 이해도는 더욱 높아지는 반면, 교과서와 수업시간에 적게 다루어지는 대륙과 국가들은 더욱 이해도가 낮게 나타나는 점을 알 수 있다. 그리고 이해도의 편차는 각종 매스컴 등에 의해서 더욱 가속화되는 것으로 볼 수 있다.

다음으로 초등학생들의 세계 이해가 자국이나 중심국을 중심으로 해서

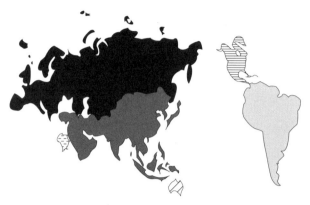

그림 2-4. 초등학교 6학년 학생들의 세계 이해로 본 세계지도

동심원적으로 확대되어 나감을 보여 주고 있다. 아시아 대륙에서는 한국, 중국과 일본의 동부아시아를 중심으로 하여 서남아시아, 그리고 동남아시아로 이해의 폭을 확대해 가고 있다. 그리고 유럽 대륙에서는 영국과 프랑스, 즉 서부 유럽을 중심으로 남부 유럽과 동부 유럽으로 그 이해의 지평을 확대해나가고 있다. 세계 전체로 보면, 아시아, 유럽과 북아메리카를 축으로 하여 남아메리카, 아프리카 그리고 오세아니아로 세계 이해도가 확대되고 있다. 물론 아시아와 유럽 국가에 대한 이해도 학년이 증가하면서 발달하고 있다. 이해도의 증가는 그 국가에 대한 오해가 감소한다고도 볼 수 있다. 아프리카의 경우는 이해가 낮은 만큼 오해도 가장 크게 나타난다. 그리고 국가 수가 많으면 그 오해도 증가할 가능성이 크다. 아시아가 그 대표적인 경우이다. 이러한 이해와 오해의 축의 변화는 고학년에 들어서면서 나타난다. 이를 통해서 볼 때 학생들의 세계 이해도는 지평 확대에 근거하고 있음을 알 수 있다.

학생들의 세계 이해도는 학생들의 경험과 직접적인 관련이 있다고 볼 수 있다. 이 경험으로는 학습경험(learning experience)과 생활경험(life experience)이 가장 큰 영향을 준 인자로 볼 수 있다. 학습경험으로는 지도와 책을 들 수 있다. 4학년부터 사회과부도를 본격적으로 접하면서 초등학생들의 세계 이해도가 급성장하는 데 영향을 주고 있다고 볼 수 있다. 그리고 각종 매체, 대표적으로 책을 통한 이해가 깊은 영향을 주고 있다. 다양한 독서를 통하여 초등학생들은 자신들의 세계 지평을 확대시켜가고 있다고 볼 수 있다. 또 한편으로 생활경험이 큰 영향을 주고 있다. 그 중 대표적인 것이 국제 스포츠인 축구와 대중매체인 텔레비전이다. 축구, 특히 월드컵 축구대회나 각종 국가 대항 축구경기는 성장하는 초등학생들의 세계 이해도에 큰 영향을 주고 있다. 그리고 경기를 중계방송하거나 세계 여행, 세계 뉴스 등을 다루는 프로그램이 학생들의 기억 구조나 인지 구조에 강한 인식을 심어 주고 있다. 축구경기나 텔레비전 속 국가의 이름을 초등학생들이 기호로서 받아들이지만, 점차 성장하면서 때론 성인이 되어서 국가명을 기호가 아닌 대상으로 받아들일 수 있다. 두 인자들은 인지적 성장이 발달하는 시기와 맞물려서 세계 이해도를 급격하게 신장시키는 데 큰 영향을 준다고 볼 수 있다. 이 사회적 인자들은 학생들의 세계 이해도의 성장에 큰 영향을 주고 있음을 알 수 있다. 사회적 인자인 학습경험과 생활경험은 상호 영향을 주면서 학생들의 세계 이해도에 깊은 영향을 주고 있는 것으로 사료된다. 그리고 저학년 학생에는 상대적으로 생활경험이, 고학년 학생에는 학습경험이 지배적인 영향을 주면서 세계 이해도가 발달한다.

이를 종합해 보면, 세계 이해도의 발달은 인지의 발달과 함께 성장하고 있다. 피아제의 발달단계로 보면, 구체적 조작기 말기에 그 성장이 크게 일어나고 있다. 인간의 정신적 발달을 기본적인 토대로 하여 그 성장이 일어나고 있으며 여기에 사회적 인자들이 큰 영향을 주고 있다. 사회적 인자들은 학생들의 세계 이해도를 이끄는 중요한 메커니즘으로 작용을 하고 있으며, 학생들은 사회적 경험인 생활경험과 교육경험에 의해서 세계 이해도를 신장시켜나가고 있다. 하지만 보다 적극적인 사회적인 인자들의 개입에 의해서 세계 이해도 성장의 폭과 깊이는 더욱 발달할 수 있는 여지가 있으며, 때로는 조기에 그 발달을 이끌어낼 수도 있다. 초등학생들의 세계 이해도의 발달을 대륙별로 보면, 그 발달이 주변국에서 먼 지역으로 이루어지는 것으로 보아 저학년부터 지나치게 역동심원 논리를 적용하는 것은 무리가 있다고 본다. 초등학생들의 단순한 세계에 관한 관심을 저학년부터 불러일으킬 수 있으나 체계적인 학습과 인지구조로 구성하기 위해서는 지나치게 역동심원을 적용하기에 많은 무리가 있다. 그러나 세계에 관한 이해와 관심이 급격하게 발달하는 시점인 4학년부터는 역동심원 논리를 적용할 수 있다. 그래서 현행 사회과 교육과정에서는 6학년이 되어서 세계지리를 다루는 것은 다소 늦은 감이 있다. 4학년 시기부터는 보다 적극적으로 세계에 관한 소개가 이루어져도 큰 무리가 없을 것으로 생각한다.

그리고 초등학생들의 세계 이해도에서 오류를 범하고 있는 것으로는 대륙을 국가로 오해하는 경우, 도시를 국가로 오해하는 경우, 그리고 한 국가의 지방을 국가로 오해하는 경우가 있다. 이러한 오해는 학생들이 지방, 국가, 대륙과 세계에 관한 포섭관계를 이해하지 못하는 데서 비롯된 것으로 생각된다. 이 오해도는 세계 이해도가 높아지면서 자연스럽게 감소하는 추세를 보인다.

세계 이해도의 발달 특성은 초등학생들의 세계지리 학습에 시사하는 바가 크다. 먼저 세계지리 학습을 하는 데 있어서 4학년 이상의 고학년이 적정하다고 볼 수 있다. 그리고 내용의 구성에서는 아시아권에서는 우리나라와 관계가 깊은 주변 국가들을 중심으로 그 대상들을 점진적으로 확대해 나감이 적절하다고 본다. 그리고 유럽의 경우 영국과 프랑스의 중심국을 중심으로 해서 그 외연을 확대해 나감이 적절하다고 본다. 서부 유럽에서 남부 유럽과 동부 유럽으로 그 지평을 확대해가면서 내용을 조직할 필요가 있다. 북아메리카에서는 단연 미국과 캐나다가 높은 이해도를 갖추고 있어서 이를 중심으로 내용을 조직하고, 남아메리카, 아프리카와 오세아니아에 대한 이해의 폭을 보다 넓힐 수 있어야 한다. 이 세 대륙은 중학교 세계지리와의 연계를 통하여 내용을 확대·심화할 필요가 있다고 본다.

또한 교육방법 상에서는 지도 교육에 대한 관심이 요구된다. 4학년 수업부터 보조 교재로 활용되는 사회과부도를 적절히 사용하는 것은 초등학생들의 세계 이해도 신장에 큰 영향을 줄 수 있다. 초등학교 수업에서 대륙별 주요 국가 이름에 대한 인식과 그 위치를 확인할 수 있도록 사회과부도를 보다 적극적으로 활용할 필요가 있다. 이는 학생들이 대륙과 국가를, 그리고 도시를 국가로 오해하는 일을 감소시킬 것이다.

이 결과는 초등학교에서의 세계지리 교육의 현주소를 적시하고 있다고 본다. 초등학교 6학년에서 집중적으로 가르치고 있는 교육과정은 초등학생들의 세계 이해도 발달에 지장을 줄 수 있다. 그리고 초등학교 사회과 교육에서 세계지리 영역에 대한 비중을 증대할 필요가 있음을 알 수 있었다.

제3장

어린이의 공간 포섭관계 이해

1. 서론

발달에 관한 연구의 대상으로서 가장 대표적인 층은 초등학생이다. 그 연구 분야는 도덕성, 수(數), 사회성 등 매우 폭넓다. 지리 교육 분야에서도 초등학생은 중요한 연구 대상이어서, 이들의 지리적 사고 등의 발달에 관한 많은 연구가 이루어지고 있다. 지리 교육에서는 주로 발달심리학의 피아제학파의 연구 결과들, 특히 공간 개념의 발달에 관한 연구를 기초로 하여 연구가 이루어지고 있다. 그러나 피아제 학파의 연구들은 주로 실험 단위의 작은 모형, 예를 들어 삼봉(三峰) 모형을 대상으로 한 공간 개념이 주를 이루고 있다. 하지만 상대적으로 스케일이 큰 공간에 관한 연구에는 부족함이 있기 때문에 지리 교육에서는 이러한 점을 보완하여 연구를 진행하고 있다.

공간에 관한 사고 발달의 연구에서 중요하게 다루어지고 있는 분야 중 하나가 포섭관계의 이해이다. 공간은 스케일에 따라서 그 정도가 다르기 때문에, 아동이 스케일에 따른 공간의 포섭관계를 이해하는 것은 공간을 보다 정확하게 이해하는 데 매우 중요하다. 포섭관계의 이해는 지리 교육의 콘텐츠를 이해하는 데 기초를 형성하고 있기 때문에 이에 대한 연구를 소홀히 할 수는 없다. 그러나 초등학생들의 공간 이해의 발달에 대한 전반적인 연구가 부족할 뿐만 아니라, 공간 포섭관계에 대한 이해도 발달 연구도 부족한 실정이다.

이 장에서는 초등학생들의 공간 포섭관계에 대한 이해도 발달을 알아보고자 한다. 특히 초등학생을 대상으로 한 기존의 공간 포섭관계에 대한 이해도 연구들이 주로 자기 고장이나 국가를 중심으로 이루어져 왔는데, 이 장에서는 공간의 스케일을 국가 중심에서 벗어나 세계를 대상으로 살펴보고자 한다.

공간 포섭관계에 대한 이해도의 연구방법은 '어떤 방법으로 연구할 것인가'와 '무엇을 대상으로 연구할 것인가'로 구분할 수 있다. 공간 포섭관계에 관한 최초의 연구는 피아제와 웨일(Piaget and Weil, 1951)의 연구다. 그들은 아동들을 대상으로 대화법을 이용하여, 예를 들어 피아제가 "너희는 스위스 사람이니?" 하고 물으면 아동이 "아니요, 제네바 사람이에요."하고 대답하는 식으로 포섭관계를 연구하였다. 이 방법을 이용하여 야호다(Jahoda, 1963a, 1963b, 1964)는 스코틀랜드의 아동들을 대상으로 연구를 하였다. 더 나아가 이 방식을 기초로 하여 스톨트만(Stoltman, 1971), 랜드(Rand, 1973), 대그스(Daggs, 1986) 등의 연구가 이루어졌다. 이들이 시행한 방법은 아동들에게 공간 대상, 즉 도시, 주, 국가를 대상으로 말로써 이것들의 포함관계를 알아본 피아제와 웨일의 방법을 기초로 하면서도, 이를 보완하기 위하여 자신들의 연구방법을 개발하여 사용하였다. 피아제와 웨일이 주로 말로써 아동들의 포섭관계의 발달을 알아보았다면, 그들의 연구방법을 진일보시킨 것은 크고 작은 모형을 가지고 공간의 포섭관계를 표현하도록 한 방법이다. 이 예로 야호다는 그의 연구에서 글래스고우, 스코틀랜드와 영국의 관계를 사각형 2개와 원 1개를 주고 도면 위에 표현하도록 하여 아동들의 공간 포섭관계의 이해도를 알아보았다(Jahoda, 1963a). 대그스는 이 연구방법을 바탕으로 하여, 언어 검사, 그래픽 모형 검사, 그리고 실제 공간의 모형을 이용하여 아동의 공간 포섭관계의 이해도를 알아보았다. 이 방법들은 아동들이 가지고 있는 공간의 포섭관계에 대해서 표현한 바를 바탕으로 그들의 발달 정도를 알아보고자 하였다. 이 과정에서 연구방법이 단순히 언어로 알아보는 방법에서 그래픽 모형으로, 그리고 실제 지리적 모형으로 진일보함을 볼 수 있다. 그러나 이 방법들은 연구자가 제시한 자극이나 대상을 가지고서 연구 대상자들이 자신의 사고를 표현하도록 하는 한계가 있다. 그래서 연구 대상자들이 자신들의 방식으로 사고를 더욱 적극적으로 표현하도록 하고, 그 결과로써 그들의 이해도를 알아볼 필요가 있다. 이 연구에서는 아동들이 직접 공간의 포섭관계에 대한 사고를 그래픽으로 표현하도록 하여 학생들의 적극적인 자기 표현을 유도하였다. 그러나 이 연구에서는 공간의 포섭관계의 가장 적절한 표현을 해나(Hanna, 1963)가 제시한 동심원 사고로 보았다.

앞에서 언급했듯이, 유아 및 초등학생을 대상으로 이루어진 기존의 공간의 포섭관계에 관한 연구들은 자기 고장이나 국가를 중심으로 이루어지고 있다. 이 연구들은 연구자와 연구 대상자들의 거주지를 중심으로 포섭관계의 이해도를 측정하였다. 그 예를 보면, 피아제와 웨일은 스위스를, 야호다는 스코틀랜드를, 대그스는 펜실베이니아 주를, 그리고 서태열(Seo, 1996)은 서울을 대상으로 연구를 하였다. 그러나 초등학생이라고 하더라도 그들은 이미 세계의 구성원으로 살아가는 존재이기 때문에 국가 단위를 넘어 세

표 3-1. 연구 대상

학년	학생 수	성별	
		남	여
1학년	43	24	19
2학년	39	20	19
3학년	28	13	15
4학년	40	23	17
5학년	29	16	13
6학년	33	20	13
합계	212	116	96

계에 관한 포섭관계의 이해도를 알아볼 필요가 있다. 여기에서는 범위를 세계로 넓혀서 '한국, 동부 아시아, 아시아, 그리고 세계'의 포섭관계의 이해도를 알아보았다. 이 장에서는 전주시 J 초등학교에 재학 중인 6개 학년의 212명을 대상으로 조사를 실시하였다(표 3-1 참조). 연구 대상자의 구성은 남학생이 116명, 여학생이 96명이다. 조사방법은 한 학년에 한 학급을 임의적으로 선별하여 대상 학생들에게 A4 용지를 나누어준 후, 한국, 동아시아, 아시아와 세계를 대상으로 그 포섭관계를 그리도록 하였다. 이 그림은 A4 용지의 가운데에 원을 하나 제시한 후, 이 원을 중심으로 해당 지역의 계층구조를 자유롭게 그리도록 하였다. 학생들에게 원을 하나 제시한 것을 제외하고는 어떠한 것도 제시하지 않았다. 그리고 이것을 수행하는 시간을 엄격하게 제한하지는 않았으나, 대체로 10~15분간 이 과제를 수행하였다.

2. 분석 방법

 이 장에서는 조사 결과를 분석하기 위하여 공간의 포섭관계를 다룬 피아제와 웨일(Piaget and Weil, 1951)의 분석방법을 살펴보았다. 그들은 공간 대상들의 포섭관계의 이해도를 알아보기 위하여 계층 포함관계(class inclusion)와 이행성(transitivity)을 분석하였다. 먼저 계층 포함관계는 대상의 규모나 스케일 중 어느 것이 더 크거나 작은 지를 알아보기 위한 개념을 의미한다. 즉, 한국과 동부아시아 중에서 어느 것이 더 큰 대상인지를 알아보는 것이다. 이를 알아보는 것은 지리적 지역이 보다 작은 단위로 연속적으로 분할되어 있기 때문이다. 다음으로 이행성은 a<b, b<c이면 a<c라는 관계를 의미한다. 즉, 동부아시아가 한국보다 크고, 아시아가 동부아시아보다 크면, 아시아는 한국보다 크다는 개념이다. 이 두 개념은 '지리적 계층이 큰 지역 단위가 작은 지역 단위로의 순환적 공간 분할(recursive spatial partitioning)을 낳는, 즉 일련의 포섭 공간을 낳는 장소의 구조적 배열임' (Downs et al., 1988: 694)을 이해하는 데 있어서 중요한 역할을 한다. 이것은 지리적 계층이 지속적으로 작은 단위로의 완전한 분할과 한 단위는 상위 전체의 통합적 부분(integral parts)으로 특징지어'(1988: 694)진다는 사실을 알게 한다. 따라서 두 개념을 공간의 포섭관계를 이해하는 데 있어서 중요한 인자로 두고 이들을 분석하였다.

 이 장에서는 계층 포함관계를 학생들이 연속적으로 표현한 두 공간 대상 간의 관계로써, 그리고 이행성은 세 공간 대상 간의 관계를 중심으로 살펴보았다. 예를 들어, '한국<동부아시아'의 관계는 계층 포함관계로, '한국<동부아시아<아시아'의 관계는 이행성으로 보고서 분석하였다. 그 결과, 여기에서는 옳은 계층 포함관계는 최대 3개, 그리고 이행성은 2개가 나온다. 그

리고 계층 포함관계와 이행성이 모두 옳으면 '한국 < 동부아시아 < 아시아 < 세계'라는 포섭관계가 형성된다. 이러한 관계를 그래픽으로 바르게 표현할 경우 보통 동심원으로 표현된다. 그래서 네 공간의 포함관계를 정확히 표현하고 있는지, 즉 전체적인 포섭관계가 맞는지를 살펴보았다. 물론 학생들이 계층 포함관계와 이행성을 모두 제대로 알고 있는 것은 아니기 때문에 오류 유형 또한 살펴보았다. 오류 분석을 통해 학생들이 가장 틀리기 쉬운, 즉 가장 이해하기 어려운 포섭관계가 무엇인지가 드러날 것이고, 이것은 지리 교육에서 강조할 바를 알아보는 데 도움이 될 것이다.

또한 세계의 포섭관계의 표현 형태에도 관심을 가지고서 이를 분석하였다. 이는 세계의 포섭관계를 언어로써 학생들이 알고 있는지를 파악하는 것도 중요하지만, 그래픽으로 표현하게 함으로써 공간적 실체로서 이들의 관계를 정확히 알고 있는 지를 알아보기 위해 실시하였다. 여기에서는 학생들이 표현한 결과들을 크게 다섯 가지 유형, 즉 문자기술형, 개별형, 점진적 연계형, 부분 동심원형, 그리고 동심원형으로 나누어서 개별 유형을 분석하였다. 문자 기술형은 포섭관계를 그래픽으로 표현하지 않고 문자로 기술하는 유형을, 개별형은 공간 단위들이 서로 포함관계가 없이 개별적으로 존재하게 표현한 유형을, 점진적 연계형은 공간 단위들의 포함관계를 표현하고 있으나 큰 단위를 위로 연속적으로 표현한 유형을, 부분 동심원형은 일부 단위만을 동심원으로 표현한 유형을, 그리고 동심원형은 모든 공간 단위들을 동심원으로 표현한 유형을 말한다. 이 유형은 후자로 갈수록 더욱 완전한 포섭관계의 표현이다.

초등학생들의 공간 포섭관계의 분석 결과가 가지는 통계적 의미를 알아보기 위하여 계층 포함관계, 이행성, 그리고 이 둘이 결합한 전체 포섭관계를 학년과 성별로 기술통계와 분산분석을 실시하였으며, 그래픽 유형의 학년별 차이를 알아보았다. 그리고 학생들이 나타낸 공간 대상의 포섭관계의 오류를 기술 통계를 중심으로 분석하였다.

3. 세계 포섭관계에 대한 조사 결과

여기에서는 세계 포섭관계의 조사 결과를 학년별, 그래픽 유형, 그리고 오류 유형을 중심으로 분석하고자 한다.

1) 공간 포섭 요소의 이해도

공간의 포섭관계를 이해하는 데 있어서 매우 중요한 요소인 계층 포함관계와 이행성을 살펴보면, 초등학생의 계층 포함관계와 이행성이 학년이 높아감에 따라서 발달하고 있음을 볼 수 있다(표 3-2 참조). 3점 만점인 계층 포함관계는 1학년과 2학년 사이에, 그리고 3학년부터 급속하게 성장하고 있음을 알 수 있다. 연령으로 보면, 이들은 만 7~8세 사이에 급증하고 다시 10세경에 급속하게 발달하고 있다. 계층 포함관계는 1학년에 0.43에서 2학년

표 3-2. 공간 포섭 요소의 분석

	계층 포함관계	이행성	전체
1학년	0.42	0.28	0.14
2학년	1.23	0.49	0.21
3학년	1.25	0.54	0.25
4학년	2.13	1.23	0.58
5학년	2.90	1.83	0.90
6학년	2.70	1.58	0.82

어린이의 지리학

에 1.23으로, 그리고 3학년에 1.25에서 4학년에 2.13으로 급성장하고 있다. 그리고 2점 만점인 이행성도 계층 포함관계와 비슷한 경향을 보이면서 발달 하였다. 구체적으로 보면 이는 3학년에 0.54에서 4학년에 1.23으로 급성장 하였다. 즉, 만 10세에 급성장하고 있음을 볼 수 있다.

다음으로 전체 포섭관계를 보면, 1학년 학생들의 14%만이 정확하게 세계 를 대상으로 포섭관계를 이해하였다. 그러나 학생들이 4학년에 이르러서는 절반이 넘는 58%가 세계 포섭관계를 정확하게 이해하고 있었다. 4학년, 즉 만 10세의 이 시기는 포섭관계의 이해도가 가장 급속하게 발달하였다(그림 3-1 참조). 학년별 공간 포섭 요소의 분석 결과는 분산분석 결과에서도 그 차이의 유의성이 있음을 볼 수 있다(표 3-3 참조).

공간의 포섭관계 분석에서 계층 포함관계, 이행성 그리고 전체 포섭관계 를 보면, 상대적으로 고학년인 6학년이 5학년보다 모두 낮은 결과를 보인 점 이 특기할 만하다. 고학년인 6학년이 5학년보다 낮은 결과를 보였더라도 연 령의 증가와 함께 공간 포섭관계의 이해도가 발달하는 경향에 큰 영향을 주

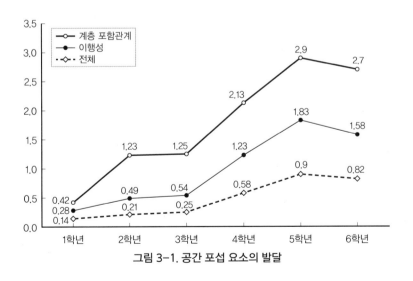

그림 3-1. 공간 포섭 요소의 발달

표 3-3. 학년별 공간 포섭 요소의 분산분석 결과

표 3-3. 학년별 공간 포섭 요소의 분산분석 결과

			제곱합	자유도	평균제곱	F값	유의 수준
계층 포함 관계	집단-간	(조합)	166.398	5	33.280	33.826	.000
	집단-내		202.673	206	.984		
	합계		369.071	211			
이 행 성	집단-간	(조합)	70.788	5	14.158	23.802	.000
	집단-내		122.533	206	.595		
	합계		193.321	211			
전체 포섭 관계	집단-간	(조합)	18.472	5	3.694	22.289	.000
	집단-내		34.146	206	.166		
	합계		52.618	211			

표 3-4. 성별로 본 조사 결과

		계층 포함관계	이행성	전체
남학생	평균	1.68	.96	.45
	N	123	123	123
	표준편차	1.320	.962	.499
여학생	평균	1.71	.92	.47
	N	89	89	89
	표준편차	1.333	.956	.502
합계	평균	1.69	.94	.46
	N	212	212	212
	표준편차	1.323	.957	.499

지는 못할 것으로 보인다. 6학년이 5학년보다 낮은 결과를 보인 것은 공간 포섭 관계에 있어서 학생들이 가진 지식의 차이가 영향을 준데서 비롯된 것으로 보인다. 이것은 아동 발달의 문제라기보다는 논리적 계층 포함관계를 학습한 아동들도 전체인 국가가 부분이 될 수 있음을 이해하지 못하는 오류(Jahoda, 1964: 1092)에서 기인한 것으로 판단된다.

어린이의 지리학

표 3-5. 성별 공간 포섭 요소의 분산분석

			제곱합	자유도	평균제곱	F	유의확률
계층 포함 관계	집단-간	(조합)	.032	1	.032	.018	.893
	집단-내		369.039	210	1.757		
	합계		369.071	211			
이행성	집단-간	(조합)	.075	1	.075	.081	.776
	집단-내		193.246	210	.920		
	합계		193.321	211			
전체 포섭 관계	집단-간	(조합)	.032	1	.032	.126	.723
	집단-내		52.586	210	.250		
	합계		52.618	211			

다음으로 공간포섭 요소들을 성별로 분석해 보면, 남학생의 계층 포함관계, 이행성과 전체 포섭관계의 평균은 각각 1.68, 0.96과 0.45이고, 여학생은 각각 1.71, 0.92와 0.47로 나타났다(표 3-4 참조). 여학생은 계층 포함관계와 전체 포섭관계에서, 남학생은 이행성에서 높은 것으로 나타났지만, 통계적으로 유의미한 차이를 보이지는 않았다(표 3-5 참조). 즉, 공간포섭 요소의 이해도에서 남학생과 여학생의 성별 차이는 없는 것으로 볼 수 있다.

2) 포섭관계에 관한 그래픽 유형의 분석

초등학생들에게 세계의 포섭관계를 그리도록 요구했을 때 그들은 다양한 유형으로 표현하였다. 여기에서는 학생들의 포섭관계 그림들을 5개의 유형, 즉 문자기술형(그림 3-2 참조), 개별형(그림 3-3 참조), 점진적 연계형(그림 3-4 참조), 부분 동심원형(그림 3-5 참조), 그리고 동심원형(그림 3-6 참조)으로 분류하였다.[1]

그림 3-2. 문자 기술형

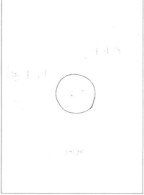
그림 3-3. 개별형

그림 3-4. 점진적 연계형

그림 3-5. 부분 동심원형

그림 3-6. 동심원형

학생들의 조사 결과를 유형별로 살펴보면, 초등학교 1학년에서는 점진적 연계형이 40.5%로 가장 높았고, 다음으로 문자 기술형(35.7%)과 개별형(23.8%) 순으로 나타났다(표 3-6 참조). 그리고 부분 동심원형과 동심원형

---

1) 분석 과정에서 이 유형과 완전하게 일치하지 않는 경우가 있었으나, 그것들은 해당 유형에 가장 근사한 유형으로 분류하여 분석하였다.

표 3-6. 포섭관계의 유형

(단위: %)

	문자 기술형	개별형	점진적 연계형	부분 동심원형	동심원형	합계
1학년	35.7	23.8	40.5	0	0	100
2학년	0	48.7	15.4	12.8	23.1(12.8)	100
3학년	0	34.6	30.8	23.1	11.5	100
4학년	0	57.5	32.5	2.5	7.5	100
5학년	0	0	0	0	100.0(3.4)	100
6학년	0	0	0	3.1	96.9(15.6)	100
전체 비율	7.1	29.3	21.2	6.3	36.1	100

( ): 틀린 비율

은 전혀 나타나지 않았다. 이 세 유형을 보면, 학생들이 어느 정도 언어로는 한국, 동부아시아, 아시아와 세계라는 단어의 의미를 이해하고 있는 것으로 생각된다. 그러나 그 크고 작은 포함관계를 시각적으로 나타내는 데 어려움이 있는 것으로 보인다. 그래서 학생들은 세계의 포섭관계를 문자로 기술하거나 세계가 막연히 더 큰 것이나 먼 곳이기에 높은 곳에 그리는 것으로 판단된다. 이것은 이들이 지리적 포섭관계에 대한 이해가 아직 부족함을 보여주고 있다.

2학년 학생들은 개별형이 48.7%로 가장 높은 비중을 차지하였다. 다음으로 동심원형이 23.1%로 나타났다. 형태로는 동심원형을 유지하고 있으나 그 중에서 틀린 비율이 높아서 실질적으로는 10.3%를 차지하고 있다고 볼 수 있다. 그래서 그다음으로 점진적 고도연계형(15.4%)이 차지하고 있는 것으로 볼 수 있다.

다음으로 3학년 학생들은 개별형이 34.6%, 점진적 연계형이 30.8%로 나타났다. 4학년은 3학년과 같이 개별형이 가장 높은 비중을 차지하여 57.5%, 점진적 연계형이 32.5%로 나타났다. 5학년과 6학년은 동심원형이 거의 대부분을 차지하는 것으로 나타났다.

이 유형들을 종합적으로 분석해 보면, 저학년 학생들은 문자 기술형과 개별형이 주를 이루고, 중학년은 개별형과 점진적 연계형이, 그리고 고학년은 동심원형이 주를 이루고 있다. 이를 보면, 학년이 높아가면서 문자 기술형이나 개별형에서 점진적 연계형으로, 다시 동심원형으로 발달함을 볼 수 있다. 그리고 세계의 포섭관계의 이해가 적절하게 일어나는 형태인 동심원형이 급속하게 발달하는 시기는 5학년이다. 이를 통해 수학적으로 큰 스케일과 작은 스케일의 포함관계를 정확하게 이해하고, 더불어 지리적 범위의 스케일을 분명하게 이해할 수 있는 시기는 5학년, 즉 만 11세라는 것을 알 수 있다. 따라서 세계 포섭관계는 5학년부터 완벽하게 이해됨을 알 수 있다. 그 전에는 언어적으로는 어느 정도 이해가 이루어지고 있으나 이것을 지리적 스케일로 전환시켜 이해하는 데는 어려움을 겪고 있다고 볼 수 있다. 특히 지리적 범위를 공간적 계층구조로 이해하지 못하는 개별형의 표현이 4학년 시기까지 꾸준히 나타나고 있음이 이를 말해 주고 있다.

3) 오류의 유형 분석

여기서는 세계에 관한 포섭관계의 오류를 살펴보고자 한다. 학생들의 오류 유형을 살펴보는 것은 지리 교육에서 세계 포섭관계를 학습할 때 주의하고 강조할 사항을 시사해 줄 수 있기 때문이다. 그리고 '한국<동부아시아<아시아<세계'의 옳은 포섭관계 중에서 어느 경우에서 오류가 많은지를 알아보았다.[2] 또한 세계 포섭관계의 이해도를 보여 주는 비율도 볼 수 있는데,

---

2) 일부 학생들은 동심원형으로 세계의 포섭관계를 표현하지는 못했으나 그 순서를 숫자나 말

이는 앞에서 살펴본 전체 포섭관계의 정확도가 그것이다.

먼저, 1학년은 세계 포섭관계의 이해율이 14%로 가장 낮게 나타났다(표 3-7 참조). 즉, 오류율이 86%이다. 1학년의 오류 유형을 보면, 총 24회의 오류 중에서 세계<동부아시아 29.2%, 아시아<동부아시아 25.0%, 아시아<한국 16.7%, 세계<아시아 16.7%, 동부아시아<한국, 그리고 아시아=동부아시아, 한국=동부아시아, 세계=한국가 각각 4.2%로 나타났다. 1학년 학생들은 동부 아시아와 아시아를 축으로 한 포함관계의 오류가 두드러지게 나타나고 있음을 볼 수 있다.

다음으로 2학년은 세계 포섭관계의 이해율이 21%로 나타났다. 즉 79%의 오류가 나타났다. 오류는 총 20회이고, 이 중에서 아시아<동부아시아가 45.0%, 한국=동부아시아=아시아가 20.0%, 동부아시아<한국이 10.0%, 아시아=동부아시아=세계가 10.0%, 그리고 아시아<한국, 세계<아시아, 동부아시아=한국이 각각 5.0%로 나타났다. 오류 중에서 아시아와 동부아시아의 구분이 가장 어려운 것으로 여기고 있었으며, 거의 모든 오류 유형에서 동부아시아가 오류의 중심축을 형성하고 있음을 알 수 있다. 이런 결과는 동부아시아가 초등학생들이 상대적으로 덜 사용하고 용어에 대한 학습이 부족한 지역 스케일인데서 비롯된 것으로 생각된다.

3학년은 정답률이 25.0%이고, 오답률이 75.0%이다. 이 오답은 총 16가지의 경우로서 그중에서 아시아<동부아시아가 50.0%, 한국=동부아시아=아

로 표현하는 경우, 예를 들어 ①한국 → ②동부아시아 → ③아시아 → ④세계로, 그리고 한국: 가장 작다, 동부아시아: 크다, 아시아: 더 크다, 세계: 가장 크다 등으로 표현한 경우에는 맞는 것으로 보고 오류 분석에서 제외시켰다. 그리고 오류 경우의 분석에서 하나의 포섭관계의 표현에서 다수의 오류가 나오는 경우에는 이들 모두를 오류의 수에 포함시켰다. 예를 들어, 학생이 표현한 것이 동부아시아<한국<세계<아시아로 표현했다면, 동부아시아<한국, 세계<아시아를 각각의 오류로 분석하였다.

시아가 25.0% 그리고 세계<동부아시아와 한국=동부아시아가 각각 12.5%
다. 3학년 역시 오류의 중심축은 동부아시아라고 볼 수 있다.

  4학년은 정답률이 42.0%이고 오답률이 58.0%로서 오답률의 비율이 현
저하게 감소하고 있다. 오답은 총 7개고, 이 중에서 아시아<동부아시아가
42.9%, 동부아시아<한국이 28.6%, 아시아<한국이 28.6%로 나타났다. 오
류의 유형이 많이 감소한 것은 학생들이 번호나 언어로써 그 포함관계를 서
술한 것을 맞는 것으로 간주한 데서 비롯되었다.

  다음으로 5학년과 6학년을 살펴보면, 5학년은 정답률이 90.0%에 이르
고, 오답률은 10.0%다. 이 중에서 오류 유형은 3개고, 아시아<동부아시아
66.7%, 세계<아시아 33.3%로 나타났다. 그리고 6학년은 정답률이 82.0%
로 5학년보다 다소 낮게 나타났다. 그리고 오답률이 18.0%로 나타났는데,
오답 유형의 수는 9개이다. 이 중에서 아시아<동부아시아 55.6%, 세계<
한국 22.2%, 그리고 동부아시아<한국과 한국=동부아시아=아시아가 각각

표 3-7. 세계 포섭관계의 오류 유형

(단위: 수)

	아<동	아<한	동<한	세<한	세<동	세<아	아=동	한=동	한=세	한=동=아	동=아=세	합계	비율(%)
1학년	6	4	1		7	4	1	1	1			25	33.3
2학년	9	1	2			1		1		1	1	16	21.3
3학년	8				2			2		4		16	21.3
4학년	3	2	2									7	9.3
5학년	2					1						3	4.0
6학년	5		1	1						1		8	10.7
합계	33	7	6	1	9	6	1	4	1	6	1	75	
비율(%)	44.0	9.3	8.0	1.3	12.0	8.0	1.3	5.3	1.3	8.0	1.3		

비고: 한-한국, 동-동부아시아, 아-아시아, 세-세계

11.1%로 나타났다.

학생들의 오류 유형을 전체적으로 살펴보면, 먼저 오류의 유형들이 학년이 높아가면서 줄어듦을 볼 수 있다. 1학년이 8개의 유형을 보였으나, 5학년에서는 2개 유형으로 줄어들고 있다. 이는 학생들의 세계 포섭관계에 대한 이해도가 학년이 높아감에 따라서 신장하고 있는 데 그 원인이 있다.

학생들이 보인 오류 유형은 11종이며, 이 중에서 가장 높은 비중을 차지한 것은 아시아<동부아시아 유형이었다(그림 3-7 참조). 거의 절반에 이르는 44.0%가 이 경우에 해당한다. 그다음으로는 세계<한국이 12.0%, 아시아<한국이 9.3% 순으로 나타났다. 이를 토대로 보면, 가장 큰 오류가 초등학교 저학년이나 중학년에서 상대적으로 자주 사용하지 않은 대륙 단위의 스케일인 동부아시아와 아시아의 관계에서 비롯되고 있음을 볼 수 있다. 또한 학생들의 오류 유형 중에서 한국과 관련된 것이 3가지 경우이고, 합해서 10.9%의 오류를 보이고 있다. 이는 학생들이 한국을 여전히 공간적 사고의 중심에 두고서 한국이 가장 크다고 생각하는 '자기중심성'에서 벗어나지 못한 데서 비롯되었다고 생각한다. 그리고 일반적으로 세계가 가장 크다는 인식을 쉽게 가질 수 있음에도 불구하고 세계의 축을 중심으로 한 오류 유형이 3개로 나타나고 총 21.3%를 차지하고 있음이 특기할 만하다. 특히 세계의 공간적 스케일에 대한 오류는 1학년이 35.5%를 차지하고 있다. 이는 초등학교 1학년 학생들의 세계에 대한 인식이 부족한 것으로 생각할 수 있다. 오류 유형 분석을 통해 동부아시아에 대한 바른 인식과 함께 한국과 세계에 대한 보다 정확한 공간적 스케일에 관한 이해를 가질 필요가 있음을 볼 수 있다. 이를 위해서는 지도나 지구본 학습이 저학년부터 실시되어야 할 것이다.

학년별로 세계 포섭관계의 오류를 보면, 1학년이 33.3%, 2학년과 3학년이 각각 21.3%를 차지하고 있음을 알 수 있다(그림 3-8 참조). 이들이 차지

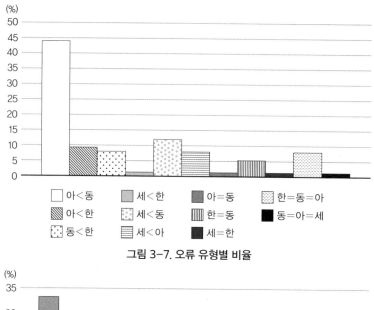

그림 3-7. 오류 유형별 비율

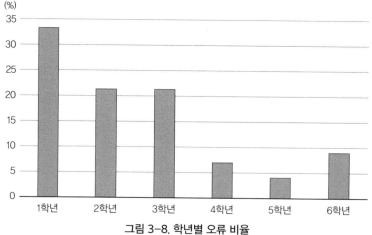

그림 3-8. 학년별 오류 비율

하는 비율은 전체의 75.9%다. 따라서 초등학교 저학년 학생들이 아직도 세계적 스케일에서 공간적 범위의 인식이 낮게 나타나고 있음을 볼 수 있다.

4. 분석 결과에 대한 논의

이 장에서는 초등학생들이 세계 포섭관계를 어떻게 표현하는가, 이해도
는 어느 시기에 발달하는가, 그리고 세계 포섭관계의 유형과 오류가 어떻게
나타나는가를 살펴보았다. 먼저 초등학생들의 계층 포함관계, 이행성과 전
체 포섭관계를 분석하였다. 그 결과, 초등학생들의 세계 포섭관계의 이해는
학년이 올라감과 동시에 발달함을 볼 수 있다. 이는 곧 세계 포섭관계의 이
해에 있어서 연령의 조건이 크게 영향을 주고 있음을 보여 준다. 하지만 생
물학적 성별의 차이는 없는 것으로 나타났다. 그리고 세계 포섭관계의 이해
도의 발달 시기를 보면, 초등학교 2학년과 4학년, 즉 만 8세경과 10세경에
급속하게 발달하여 만 11세에 완성됨을 볼 수 있다. 세계 포섭관계의 이해
가 만 8세경에 전형적으로 발달이 이루어지면서 만 10세경에 그 발달이 급
성장하고 11세에 완전하게 발달하는 것으로 생각할 수 있다. 이 결과는 계
층 포함관계와 이행성이 구체적 조작기인 약 7세경에 전형적으로 시작된다
고 본(Downs et al., 1988: 695) 피아제의 연구결과와는 약간의 차이가 있
었다. 초등학교 1학년의 계층 포함관계, 이행성과 전체 포섭관계의 조사 결
과 학생들 중 약 14%만이 이들을 정확하게 이해하고 있는 것으로 보아서
는 7세에 포섭관계의 이해가 전형적으로 시작한다고 보기 어렵다. 이와 같
이 약간의 차이가 나타난 것은 피아제와 달리 언어가 아닌 그래픽으로 작성
한 결과에서의 차이, 혹은 친숙한 고장이나 국가 등 로컬 스케일이 아닌 덜
친숙한 세계 스케일을 대상으로 한 차이에서 비롯될 수도 있다고 본다. 한편
7~8세에서 10~11세 이전의 아동들이 부분과 전체의 관계를 시각적으로 표
현할 수 있고 10~11세 이후에는 부분과 전체 그리고 그들 간의 관계를 정확
하게 도식화할 수 있다(Daggs, 1986: 20)는 피아제의 주장을 확인할 수 있

었다. 만 10세경에 급속히 발달하여 만 11세인 초등학교 5학년에 이르러 세계 포섭관계를 동심원형으로 거의 완전하게 표현하는 점과 전체 포섭관계를 90%가 이해하고 있는 결과가 이를 잘 보여 주고 있다. 하지만 학생들이 세계 포섭 단위들을 병렬적으로 취급하는 현상이 1~2학년에서 3~4학년에 이르기까지 상당히 높은 비율로 나타나고 있음은 포섭관계의 발달이 학년 간에 중첩되어 발달함을 보여 준다. 그래서 약 10세나 11세 전에 논리적인 계층 포함관계를 다룰 능력이 없어서 이들을 정확하게 다루는 데 실패했다 (Piaget and Weil, 1951 in Jahoda, 1964:1092)고 보기도 하고, 많은 아동들이 이보다 훨씬 전의 연령에서도 부분-전체의 관계를 다룰 수 있다(Jahoda, 1964: 1092)고 주장하기도 한다.

다음으로 세계 포섭관계에 대한 그래픽 유형을 보면, 저학년에서는 점진적 연계형, 문자 기술형, 개별형이 중심을 이루고 있으나, 고학년에서는 동심원형이 주를 이루고 있다. 저학년에서 개별형이 가장 많이 나타나는 것은 아직 지리적 포섭관계의 이해가 잘 이루어지지 않고 있음을 보여 준다. 이 시기의 초등학생들이 자기 집의 주소를 알고 있을 것으로 판단되지만, 이런 것이 지리적 포섭관계를 전제로 하고 있음을 이해하지 못하는 것과 같은 맥락이라고 볼 수 있다. 이것은 초등학생들이 문자로는 세계를 구성하는 스케일 단위들을 어느 정도 알고 있지만 이들을 크고 작은 지리적 혹은 수학적 포함관계로는 정확히 숙지하고 못하고 있음을 의미한다. 즉, 학생들이 아직 공간 포섭 단위들을 개별적인 존재로 이해함으로써 세계의 포섭관계를 분절적으로 알고 있음을 의미한다. 또한 저학년에서 점진적 연계형이 많이 나타나고 있는데, 이는 초등학생들이 한국에서 세계에 이르는 공간적 스케일의 크기 차이를 어느 정도 알고는 있으나 이를 지리적 포함관계인 계층성을 토대로 인식하지 못하고서 단순히 큰 스케일을 높은 곳에 위치시켜야 한다는 사고를 가지고서 공간의 계층성을 이해하고 있음을 말해 준다. 이것은 공간적 스케일을 '계층 사다리(hierarchical ladder)'로서의 스케일로 보고 있다. 다시 말하여, 스케일의 단계(scalar) 계층이 로컬 → 지역 → 국가 → 글로벌로 올라가고, 글로벌 → 국가 → 지역 → 로컬로 내려온다(Herod, 2007: 237)는 사고다. 그래서 초등학생들은 실제로 한국을 기초 단위로 하여 동부아시아, 아시아, 세계를 점진적으로 높게 그림, 번호 또는 문자로 표현하고 있다. 이는 학생들이 '크다'는 것을 수학적 포함관계가 아닌, '높다'는 언어적 의미로 공간적 포섭관계를 받아들이고 있음을 의미한다. 이 개별형과 점진적 연계형은 중학년까지 지배적인 공간 포섭의 표현 유형을 형성하고 있다. 그러나 5학년부터는 완전한 동심원형이 중심을 형성하고 있다. 즉, 로컬을 상대적으로 작은 원으로 보고, 지역, 국가, 글로벌로 갈수록 큰 것으로(Herod, 2007: 237) 인식하고 있다. 공간적 스케일의 크고 작은 포함관계를 이해하면서, 수학적 포함관계가 지리적 포섭관계를 형성하는 데 기초임을 알아간다. 이를 토대로, 세계의 포섭관계의 이해는 언어적 이해에서 수학·논리적 이해로 성장하고, 이 수학·논리적 이해가 이루어질 때 지리적 이해로 발달하고 있음을 알 수 있다. 그리고 초등학생들이 공간 포섭 단위들을 개별적으로나 분절적으로 이해하는 데서 출발하여 점차 통합적이며 동시적인 동심원적 이해로 성장함을 볼 수 있다.

초등학생들의 세계 포섭관계에 대한 오류 유형들은 저학년에는 다양한 유형으로 나타나나 고학년으로 갈수록 그 유형이 축소되고 있다. 저학년에서의 오류는 계층 포함관계와 이행성의 이해 부족에 기인하고 있다. 그 대표적인 사례로는 초등학생들이 아시아와 동부아시아라는 대륙과 아대륙의 포함관계에 대한 오류가 있다. 이것은 저학년에서 더 많이 나타나나 학년이 올라가도 같은 경향을 보이고 있다. 대부분의 학년에서 이 오류가 큰 비중을 차지하고 있는 것으로 보아, 이것은 발달상의 문제가 아니라 세계 단위에 대한 지식 부족의 문제로 보인다. 이 점은 세계지리 교육에서 그 포섭관계를 보다 명확하게 알려줄 필요가 있음을 보여 준다.

또한 오류 유형 중에서 주요 단위가 한국이라는 점을 볼 때, 일부 초등학생들은 한국이 세계의 중심이자 그 어느 단위보다 크거나 같게 인식하는 오류를 범하는 것을 알 수 있다. 이는 초등학교 저학년에서 더욱 두드러지게 나타나고 있는데, 아마도 우리나라에 대한 큰 애정을 갖고 있으나, 자기가 가장 잘 아는 단위가 가장 크게 보이는 현상에서 비롯된 것으로 보인다. 한국을 세계 포섭관계에서 가장 크게 보는 것은 무의식적 자기중심성(unconscious egocentricity)에 기인하는 것으로 생각된다. 이것은 초등학생들이 현상을 바라보는 데 있어서 객관적이며 합리적인 사고가 형성되지 않아 막연히 내가 속한 곳이나 내 것이 더 크고 소중하다고 인식하는 데서 비롯되었다. 그렇지만 이와 같은 오류들은 연령의 증가와 함께 그 인식 능력과 지식의 증가로 보다 합리적인 객관성으로 발달하면서 줄어든다.

지리 교육에서 지리적 포섭관계의 이해는 학생들이 지리적 사고를 하는 데 중요한 기초를 제공해 준다. 특히 세계 포섭관계의 이해는 세계지리의 학습 내용을 더욱 효과적으로 이해할 수 있게 한다. 또한 포섭관계의 이해는 지리 학습을 통하여 고양될 수 있다. 세계 포섭관계의 오류가 가장 크게 나타나는 대륙과 아대륙을 구분하는 능력을 고양시킬 필요가 있다. 이를 위해서는 저학년에서부터 세계지도나 지구본 등을 접할 수 있도록 하고, 더 나아가 지구 학습을 강화하여 세계 지역 구분 능력을 증진시켜야 한다. 그리고 학생들이 우리의 주소 체계 등 생활 속의 포섭 사례를 알게 하여 보다 적극적으로 세계 포섭관계를 이해시킬 필요가 있다.

5. 결론

이 장에서는 초등학생들의 세계 포섭관계에 관한 이해도의 발달을 살펴보았다. 그 결과, 초등학생들의 세계 포섭관계의 이해는 학년이 높아가면서 발달하는 것을 알 수 있다. 또 성별의 차이는 없는 것으로 나타났다. 그리고 세계 포섭관계의 이해도의 발달은 초등학교 2학년과 4학년, 즉 만 8세경과 10세경에 급속하게 발달하여 만 11세에 완성됨을 알 수 있다. 그리고 세계 포섭관계의 이해가 언어적 이해에서 수학·논리적 이해로 성장하고, 이 수학·논리적 이해가 이루어질 때 지리적 이해로 발달하는 것을 알 수 있다. 또 학생들이 공간 포섭 단위들을 개별적·분절적으로 이해하는 것에서 출발하여 점차 통합적이며 동시적인 동심원적 이해로 성장함을 알 수 있다. 또한 세계 포섭관계에 대한 오류 유형들은 저학년에는 다양한 유형으로 나타나지만 고학년으로 갈수록 그 유형이 축소하였다. 저학년에서의 오류는 계층 포함관계와 이행성의 이해 부족에 기인하고 있으며, 그 대표적인 사례로는 아시아와 동부아시아, 즉 대륙과 아대륙의 포함관계에 대한 오류가 있다. 또한 초등학교 저학년에서 한국을 세계 포섭관계에서 가장 크게 보는 오류는 무의식적 자기중심성에 기인한 것으로 생각된다. 하지만 이러한 오류들은 연령의 증가와 함께 그 인식 능력과 지식의 증가로 줄어들고 있다. 초등학생에게 세계 포섭관계를 이해시키기 위해서는 저학년에서부터 세계지도나 지구본 등의 세계지리 교육을 강화할 필요가 있다.

제4장

—

어린이의 국가 정체성 발달

—

1. 서론

학생들은 성장하면서 국가 정체성을 형성해 간다. 국가 정체성(nation-
ality)[1])은 학교 교육뿐만 아니라 사회문화 교육을 통해서도 형성된다. 그 형
성 과정이 어떠하든지 간에, 학생들은 국가 정체성을 통하여 국가에 대한 소
속감을 강화한다. 이는 애국심 등의 다양한 모습으로 표출되는데, 국가 정체
성은 국가에 대한 개념이 형성되는 초등학교 시기에 특히 중요한 의미를 가
진다. 국가 정체성은 영토에 대한 강한 인식을 줄 수 있다. 이 인식은 영토에

---

1) 이 장에서는 국가 정체성을 개인이 국가에 대해서 가지는 소속감, 유대감, 그리고 국가 사랑
   에 대한 태도 및 행동으로 정의하고자 한다. 국가 정체성은 국민의 통합이나 사랑을 통해서
   민족 주체성 등을 갖게 한다. 그러나 지나친 국가 정체성은 타 문화나 타 국가에 대한 배타적
   사고를 낳을 수도 있다. 여기에서는 국가 정체성을 정치, 영토 및 문화 정체성으로 나누어 살
   펴보고자 한다. 정치 정체성은 국가의 상징에 관한 것을, 영토 정체성은 영토와 관련된 것을,
   그리고 문화 정체성은 우리 고유 문화나 삶과 관련된 것을 의미한다.

대한 소속감을 가져다주는 기초를 형성한다. 그리고 초등학생들의 국가 정체성을 알아보는 것은 학생들의 영토 교육의 기초를 안내할 수 있고 영토 교육의 방향성을 제시받을 수 있다. 하지만 지리 교육에서 초등학생들의 국가 정체성에 관한 기초 조사는 이루어지지 않고 있다. 이런 면에서 초등학생들의 국가 정체성을 살펴보는 것은 의미가 있다.

이 장에서는 초등학생들의 국가 정체성을 전북 익산시 G초등학교의 2학년 31명, 4학년 34명, 6학년 32명, 총 97명의 학생들을 대상으로 조사를 실시하였다. 연구방법으로는 A4 용지에 네모 칸을 만들어 놓은 후, 학생들에게 '우리나라를 생각하면 제일 먼저 생각나는 것'을 그림으로 표현하도록 하였다. 그다음 이 그림을 왜 그렸는지에 대해서 글로 표현하도록 하였다. 그리고 필요한 경우, 즉 이해가 되지 않는 경우에는 학생들과 면담을 하였다. 그러나 학생들이 표현한 내용을 이해하기에 특별히 어렵지는 않았다.

이 장에서는 초등학생들이 가지고 있는 국가 정체성을 이해하는 것에 목적을 두고 있다. 이를 위하여 학생들이 그린 국가 정체성의 상징이 학년에 따라서 어떻게 달라지는가를 살펴보았다. 다음으로 국가 정체성으로 인식하고 있는 상징들이 무엇인지를 알아보았다. 마지막으로 이것이 가지는 의미에 대해서 해석과 논의를 하였다.

2. 국가 정체성 이해의 분석

1) 2학년

2학년 학생들의 국가 정체성에 대한 인식을 살펴보았다. 2학년 학생들은 국가 정체성의 상징체로 6가지를 인식하였으며, 평균 1.2개의 인식을 가지고 있는 것으로 나타났다(표 4-1 참조). 2학년 학생들 중 73.0%가 우리의 국가 정체성을 태극기로 인식하였다(그림 4-1 참조). 그리고 무궁화와 백두산은 각각 13.5%, 5.4%씩의 인식도를 가졌다. 그들이 태극기를 국가 정체성으로 인식한 이유로는 대부분의 학생들이 '우리나라 하면 떠오르는 이미지'라고 대답하였다. 이들이 태극기를 우리나라의 상징으로 제시한 이유들을 살펴보면 다음과 같다.

'태극기입니다', '나는 우리의 애국가를 다 외우고 우리나라를 사랑할 거다. 태극기도 아낄 거다', '우리나라가 떠오르면 태극기가 생각난다. 한국 전통 음식도 생각나고 한복도 생각나고 무궁화도 생각난다', '제일 먼저 생각난 건 태극기입니다', '우리나라 하면 떠올리는 모습이 태극기입니다', '우리나라 하면 태극기가 생각난다', '우리나라의 국기니까!', '애국가를 외우면서 태극기를 보고 있다', '우리나라 국기여서 그랬다', '학교 칠판 위에 태극기가 있고 우리나라 국기니까', '태극기는 우리나라의 국기이니까', '태극기는 우리나라의 소중한 물건이고 우리나라의 훌륭한 깃발이다', '우리나라의 국기의 하나이다', '우리나라의 국기니까', '우리나라의 아주 아주 소중한 국기다'

우리나라의 국화인 무궁화를 국가의 상징으로 제시한 학생은 그 이유를 제시하지 못하고 있으나 무궁화를 사실적으로 잘 그려 보였다. 대체로 학생들은 우리나라에 관한 정치사회화의 결과를 잘 보여 주고 있다. 학생들은 정치사회화를

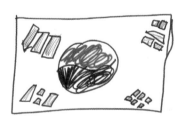

그림 4-1. 2학년 학생이 국가의 상징으로 그린 태극기

표 4-1. 2학년 학생들의 국가 정체성

주제	수	비율(%)
태극기	27	73.0
무궁화	5	13.5
백두산	2	5.4
애국가	1	2.7
분단	1	2.7
한글	1	2.7
합계/평균	37/1.2	100.0

통하여 우리 국가를 상징하는 대표적인 요소인 태극기, 무궁화, 애국가를 중심으로 국가 정체성을 형성하고 있다.

그리고 극히 일부 학생들은 백두산, 분단 그리고 한글을 국가의 대표적인 상징으로 제시하였다. 백두산과 분단은 영토 정체성을 보여 주는 것으로 볼 수 있고, 한글은 문화 정체성을 보여 준다고 볼 수 있다. 백두산에 대해서 그 이유를 제시하지 못하고 있었으며, 분단의 경우는 '북한이랑 우리나라가 갈라진 것'으로 제시하고 있다.

2) 4학년

4학년 학생들은 14가지를 국가의 상징으로 인식하였다(표 4-2 참조). 학생들은 평균 1.8개의 상징물을 제시해 주었다. 이 국가 정체성의 상징들로는 통일, 태극기, 유관순, 한글, 대한민국 지도, 세종대왕, 축구, 독도, 6.25 전쟁 등이 있다. 이 중에서 가장 높은 비중을 차지한 것은 태극기이며, 축구, 통일, 무궁화가 그 뒤의 순으로 나타났다. 4학년의 국가 정체성의 특징은 2학년의 6가지에 비해서 상징의 수가 14가지로 확대된 점을 들 수 있다. 이는

그림 4-2. 4학년 학생이 그린
국가 정체성 상징

그림 4-3. 4학년 학생이 국가의
상징으로 그린 통일

국가 정체성의 상징물의 경우 수가 늘어나면서 태극기의 인식이 상대적으로 낮아진 것일 수도 있지만, 학생들의 국가 정체성에 대한 성격이 점차 분화되는 것으로 볼 수 있다.

그리고 2학년의 경우 태극기가 상징의 73.0%에서 36.1%로 낮아진 점은 특기할 만하다. 그리고 4학년 학생들은 축구/월드컵을 매우 중요한 상징으로 인식하였다(그림 4-2 참조). 월드컵 축구의 붐이 학생들의 국가 정체성의 인식에 큰 영향을 주고 있음을 보여 주고 있다. 그리고 통일을 향한 열망이 학생들의 상징으로 자리하고 있는 점이 특기할 만하다(그림 4-3 참조).

4학년 학생들이 이들을 국가 정체성의 상징으로 제시한 이유들을 살펴보면, 먼저 태극기의 경우는 "태극기 휘날리며"의 지태와 진석이다', '우리나라의 국기도 그렸다. 그리고 세종대왕도 그렸다'이다. 다음으로 축구/월드컵은 '우리나라가 4강을 진출한 모습 나는 그때가 가장 생각이 난다', 그리고 독도

표 4-2. 4학년 학생들의 국가 정체성

주제	수	비율(%)
태극기	22	36.10
축구	10	16.40
통일	8	13.10
무궁화	6	9.80
유관순	3	4.90
세종대왕	3	4.90
애국가	2	3.30
한글	1	1.64
한반도 지도	1	1.64
독도	1	1.64
6.25전쟁	1	1.64
민속놀이	1	1.64
한지	1	1.64
분단	1	1.64
합계/평균	61/1.8	100.00

는 '독도를 지키는 우리의 멋진 공군과 해군이다. 독도는 누가 뭐래도 우리 땅!'이기 때문이라고 말한다. 한반도 지도는 '우리나라의 지도를 나타냈다'를, 통일은 '통일하면 좋겠다는 것', '6.25전쟁 때 나라가 갈라지고 통일을 원하는 마음', '한국이 빨리 통일되었으면 좋겠다'는 것이 그 이유이다. 그리고 유관순의 경우는 '우리나라를 살리기 위해 하나뿐인 목숨을 버린 위인이니까'라고 답하였다. 이를 통해 보면, 학생들은 국가의 상징물을 통하여 국가 정체성을 가지고 있으며, 바라는 바가 국가 정체성에 영향을 주기도 하고, 영토에 대한 강한 애착과 애국심이 학생들의 정체성을 형성하는 데 영향을 줄 수 있음을 볼 수 있다.

국가 정체성을 정치 정체성, 영토 정체성, 문화 정체성으로 나누어 보면,

정치 정체성은 태극기, 유관순, 6.25전쟁 등을 들 수 있고, 그 비율은 55.7%를 차지하였다. 영토 정체성은 통일, 독도, 한반도 지도 등을 들 수 있고, 그 비율은 17.9%를 차지하였다. 그리고 문화 정체성은 한글, 세종대왕, 축구 등을 들 수 있고, 그 비율은 26.4%를 차지하였다. 이는 국가 정체성 형성에서 정치 정체성이 약화된 반면에 문화 정체성과 영토 정체성이 증대된 것을 볼 수 있다.

3) 6학년

6학년 학생들은 평균 1.7개의 국가 정체성 상징을 제시하며, 22개의 상징을 보여 주고 있다(표 4-3 참조). 그 순위를 살펴보면, 한복과 태극기가 가장 높은 비율인 13.2%를 나타냈다. 한복(그림 4-4 참조)과 태극기의 비율은 4학년의 36.1%보다 낮고, 4학년의 2위인 축구(16.4%)보다도 낮게 나타나고

그림 4-4. 4학년 학생이 국가의
상징으로 그린 한복

그림 4-5. 6학년 학생이 국가의
상징으로 그린 한반도

어린이의 지리학

표 4-3. 6학년 학생들의 국가 정체성

주제	수	비율(%)
한복	7	13.2
태극기	7	13.2
무궁화	5	9.4
한반도 지도	4	7.5
축구(월드컵)	4	7.5
김치/고추장	3	5.7
Korea(국호)	3	5.7
장독	3	5.7
6.25전쟁	2	3.8
고인돌	2	3.8
태권도	2	3.8
매	1	1.9
에밀레종	1	1.9
군인	1	1.9
한글	1	1.9
후삼국시대 영토	1	1.9
사계절	1	1.9
진돗개	1	1.9
상평통보	1	1.9
분단	1	1.9
떡	1	1.9
갈비	1	1.9
합계	53/1.7	100.2

있다. 다음으로 국가 정체성으로 나타난 상징들은 무궁화, 한반도 지도(그림 4-5 참조), 축구(월드컵), 김치, 국호(Korea, 대한민국), 장독 등의 순이다. 그리고 이 중에서 특이한 것들은 매, 에밀레종, 고인돌, 군인, 상평통보, 갈

비 등이다.

이 상징들을 국가 정체성으로 제시한 이유를 살펴보면, 태극기의 경우 너무도 당연한 듯하여 별다른 이유를 제시하지 않았다. 다음으로 무궁화는 '무궁화는 우리나라의 대표하는 꽃이어서', 한반도 지도는 '우리나라의 지도를 그린 것이다', '제일 먼저 생각나는 것은 우리나라 지도이다', 축구는 '한국의 월드컵 때 4강 진출한 것', 고인돌은 '우리 조상들의 무덤'과 '옛날 사람들이 힘들게 힘을 모아 쌓은 고인돌 위에 힘내라는 우리나라를 그렸다', 군인은 '북한과 우리나라는 전쟁하려고 해요', 매는 '우리나라 한국의 강인함을 표현하기 위해서', 에밀레종은 '에밀레종은 어느 소리보다 곱고 뛰어나기 때문이다', 사계절은 '우리나라는 1년 동안 봄, 여름, 가을, 겨울 사계절로 나누어진 나라이다', 진돗개는 '우리나라 개이기 때문에 다른 나라한테 진돗개를 보여주고 싶다', 그리고 상평통보는 '우리나라에서 처음 사용했던 화폐이다'라고 이유를 제시하였다.

6학년의 국가 정체성을 세 가지 영역으로 다시 살펴보면, 정치 정체성으로는 '태극기, 무궁화, 국호, 6.25전쟁, 군인', 영토 정체성으로는 '한반도 지도, 후삼국시대 영토, 사계절, 분단', 그리고 문화 정체성으로는 '한복, 축구(월드컵), 김치/고추장, 장독, 고인돌, 태권도, 매, 에밀레종, 한글, 진돗개, 상평통보, 떡, 갈비'이다. 그 비율을 보면, 정치 정체성이 34.0%, 영토 정체성이 13.2%, 그리고 문화 정체성이 53.0%이다. 요약하자면, 6학년에 들어서서 국가 정체성의 상징은 매우 다양화되면서 문화 정체성이 중심을 이루고 있음을 알 수 있다.

3. 분석 결과에 대한 논의

먼저 초등학생들의 국가 정체성에 관한 상징들이 2학년에 6가지, 4학년에 14가지, 그리고 6학년에 22가지로 증가하고 있다(표 4-4 참조). 학년이 증가함에 따라서 상징의 종류가 급증하고 있고, 특정 상징의 지배 정도가 약화되고 있음을 알 수 있다. 2학년에서는 태극기가 73.0%, 무궁화가 13.5%를 차지하고 있으나, 4학년에서는 태극기가 36.1%, 무궁화가 9.8%로, 그리고 6학년에서는 태극기가 13.2%, 무궁화가 9.4%로 낮아지고 있다. 이는 학생들이 학년이 높아감에 따라서 국가 정체성에 대한 자의식이 분화됨에 따라서 나타나는 것으로 보인다. 즉, 학생들이 국가 정체성을 갖는 방식이 다양해지고, 그 종류도 다양화되는 데서 비롯된 것으로 보인다.

초등학생들은 우리나라의 국가 정체성의 상징으로는 주로 국기와 국화를 많이 떠올림을 알 수 있다. 특히 2학년에서 태극기와 무궁화가 가장 큰 비중을 보인 것은 태극기와 무궁화 그리기와 애국가 암기하기 등의 초등학교 교육과정의 영향이라고 본다. 또한 초등학교에서는 각종 학교행사, 즉 호국의 달 행사로서 애국가 부르기와 암송하기, 태극기 그리기 대회 등이 많은 영향을 주었을 것으로 생각된다. 이는 초등학교 시기가 정치적 사회화 과정으로부터 가장 크게 영향을 받은 연령층임을 보여 준다.

4학년은 2학년과 비교했을 때 국가 정체성의 상징 수가 증가하면서도 그 내용면에서는 여전히 정치 정체성이 우위를 차지하고 있다. 그러나 2학년 학생들이 국가 정체성의 상징으로 단순하게 태극기를 표현한 것에 비하여, 4학년 학생들은 훨씬 구체적으로 태극기가 쓰이는 상황을 보여 주었다. 예를 들어 월드컵 경기장에서 응원할 때 쓰이는 태극기나 지도 위에 태극기를 그린 것이다.

표 4-4. 초등학생의 국가 정체성 변화

주제	2학년	4학년	6학년	합계	비율(%)
태극기	27	22	7	56	37.1
무궁화	5	6	5	16	10.6
축구(월드컵)		10	4	14	9.3
통일		8		8	5.3
한복			7	7	4.6
한반도 지도		1	4	5	3.3
김치/고추장			3	3	2.0
애국가	1	2		3	2.0
Korea(국호)			3	3	2.0
장독			3	3	2.0
유관순		3		3	2.0
6.25전쟁		1	2	3	2.0
세종대왕		3		3	2.0
한글	1	1	1	3	2.0
분단	1	1	1	3	2.0
고인돌			2	2	1.3
백두산	2			2	1.3
태권도			2	2	1.3
민속놀이		1		1	0.7
매			1	1	0.7
독도		1		1	0.7
한지		1		1	0.7
에밀레종			1	1	0.7
군인			1	1	0.7
후삼국시대 영토			1	1	0.7
사계절			1	1	0.7
진돗개			1	1	0.7
상평통보			1	1	0.7
떡			1	1	0.7
갈비			1	1	0.7
합계	37	61	53	151	100.5
상징의 수	6	14	22	50	

6학년은 태극기와 무궁화 등을 볼 수 있으나, 이 외에도 다양한 주제들이 국가 정체성의 상징으로 제시되고 있다. 6학년 학생들은 자신의 생각이 많이 담겨진 그림을 많이 표현하였다. 6학년 학생들은 국가 정체성에 대한 생각을 구체적 조형물이나 상징에서 벗어나 국민성을 나타내려고 하거나 강대국의 이미지를 갖고 싶은 소망 등을 표현하려 한다. 이렇게 국가의 상징이나 이미지에 있어 자신이 갖고 있는 생각 등을 그림으로 나타내려 한 점은 2, 4학년에서는 볼 수 없는 특징적인 점이다. 이 시기의 학생들은 자의식이 형성되면서 외부에서 주입되는 국가 정체성에서 벗어나 자신의 사고와 가치를 토대로 주체적인 국가 정체성을 형성하고 있다.

다음으로 2, 4, 6학년에 걸쳐서 국가 정체성의 상징으로 공통적으로 제시된 것은 태극기, 무궁화, 분단과 한글이다(표 4-5 참조). 이 중에서 태극기는 학년이 올라가면서 급속하게 감소하는 경향을 보인다. 그리고 무궁화 또한 그 비중이 점점 낮아지고 있음을 알 수 있다. 분단과 한글은 그 비중의 큰 차이를 보이지 않고 나타나고 있다.

다음으로 국가 정체성을 영역별로 분류해 보면, 2학년에서는 정치 정체성이 압도적으로 높은 비중을 차지하였으나, 4학년과 6학년으로 가면서 그 비중이 약화되고 있음을 알 수 있다(표 4-6 참조). 물론 정치 정체성에서 우리나라의 상징인 태극기와 무궁화의 비중은 수위를 나타내고 있다. 반면, 2학

표 4-5. 2, 4, 6학년의 공통적인 국가 정체성 상징

	2학년	4학년	6학년
태극기	73.0	36.1	13.2
무궁화	13.5	9.8	9.4
분단	2.7	1.6	1.9
한글	2.7	1.6	1.9

표 4-6. 초등학생 국가 정체성의 분야별 특성

정체성 \ 학년	2학년		4학년		6학년		평균(%)
	수	비율	수	비율	수	비율	
정치 정체성	33	89.2	34	55.7	18	34.0	59.6
영토 정체성	3	8.1	10	16.4	6	11.3	11.9
문화 정체성	1	2.7	17	27.9	29	54.7	28.5
합계	37	100	61	100	53	100	100

년에서는 영토 정체성과 문화 정체성은 그 비중이 매우 낮게 나타나고 있다. 영토 정체성은 4학년에서 약간 높게 나타나고 있으나, 여전히 낮은 비중을 차지하고 있다. 문화 정체성은 2학년에서 2.7%, 4학년에서 27.9%, 그리고 6학년에서 54.7%로 높아지고 있다. 이를 통해서 볼 때, 초등학생들은 정치 정체성에서 문화 정체성으로 국가 정체성이 전환되고 있음을 알 수 있다(그림 4-6 참조). 초등학생들은 사회과 등을 통한 교육을 통하여 정치 정체성을 가지면서 영토 정체성이 높아지고, 다음으로 문화 정체성이 높아진다고 볼 수 있다.

이를 영역별로 살펴보면, 정치 정체성은 2학년의 태극기, 무궁화, 애국가가 중심을 이루고 있다. 이는 2학년 바른생활, 슬기로운 생활 등의 교과에서 태극기 및 무궁화 그리기 등이 큰 영향을 준 것으로 생각된다. 즉, 정치사회화를 통한 국가 정체성의 형성시기라고 볼 수 있다. 4학년의 정치 정체성은 태극기, 무궁화, 애국가에 유관순과 6.25전쟁이 가미된다. 그리고 6학년에서는 국호(Korea, 대한민국), 유관순, 6.25와 군인이 나타난다. 이를 통해서 보면, 정치 정체성은 국가의 상징물을 아는 것에서 애국심으로 전환됨을 알 수 있다. 그리고 2학년에서는 태극기와 무궁화를 그리는 데 집중을 하고 있으나, 4, 6학년에서는 태극기와 무궁화를 활용하여 표현하고 있음을 알 수 있다. 예를 들어 유관순을 국가 정체성으로 인식한 학생의 경우, 유관순의 손에 태극기를 들게 하거나 축구를 국가 정체성으로 인식한 학생의 경우, 월드컵 축구대회에서 태극기를 활용한 응원 등으로 표현하고 있다.

문화 정체성의 경우 2학년에서는 한글을, 4학년에서는 축구, 한지, 세종대왕, 민속놀이, 그리고 6학년에서는 한복, 태권도, 장독, 고인돌, 김치/고추장 등을 제시하고 있다. 학년이 올라갈수록 우리 민족 고유의 문화를 국가 정체성으로 인식하는 학생들의 비율이 급증하고 있다. 그리고 특기할 만한 것은 월드컵 축구대회를 계기로 축구가 초등학생들의 문화 정체성으로 자리 잡고 있는 점이다. 축구/월드컵이 학생들의 중요한 문화코드로 자리 잡으면서 국가 정체성으로 자리하고 있음을 볼 수 있다. 이는 여학생(4명)보다 남학생(7명)에서 크게 나타나고 있다. 그리고 문화 정체성 중 한복의 경우, 남학생(1명)보다 여학생(7명)에서 높게 나타나고 있다. 따라서 문화 정체성 중 일부는 남녀의 성별 차이가 나타나고 있음을 보여 주고 있다.

영토 정체성은 학년과 상관없이 국가 정체성에서 낮은 비중을 보여 주고

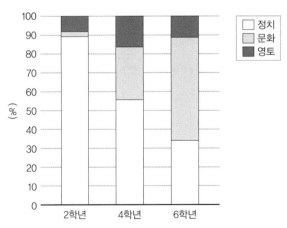

그림 4-6. 학년에 따른 국가 정체성의 변화

있다. 2학년에서는 백두산과 분단, 4학년에서는 국토 통일, 독도와 한반도 지도, 6학년에서는 한반도 지도, 분단, 통일, 영토, 사계절을 영토 정체성으로 제시하였다. 이 중에서 높은 비중을 차지하고 있는 것은 국토 통일과 한반도 지도이다. 다른 경우들은 1회만 나타날 뿐이다. 이는 학생들의 국가 정체성에서 영토 정체성이 차지하는 비중이 매우 낮음을 알 수 있다. 그리고 영토 문제의 중요한 쟁점으로 자리하고 있는 독도, 간도, 백두산, 고구려 및 발해 영토 등에 대한 관심이 매우 낮게 나타나고 있다. 또 한편으로는 어느 것을 어느 방식으로 학생들에게 영토 정체성으로써 제시하고 안내할 것인가의 문제도 확인할 수 있다.

이 장에서는 초등학생들의 국가 정체성이 변화함을 볼 수 있다. 먼저 학년의 발달과 함께 국가 정체성의 상징이 다양화됨을, 다음으로 국가 정체성이 정치 정체성에서 문화 정체성으로 변화됨을, 그리고 국가 정체성의 주체가 타자 중심에서 자기 중심으로 변화함을 알 수 있다. 그러나 여기서 영토 정체성은 백두산, 분단, 통일, 독도, 사계절, 영토, 한반도 지도가 전부이다. 이 중에서 가장 높은 비중을 차지하는 것은 국토 통일이고, 다음은 한반도 지도이다. 학생들이 국토 분단을 넘어서 통일을 이루려는 강한 열망을 보여줌은 영토 교육의 방향을 시사해 주기에 충분하다고 본다. 그리고 국토 통일의 필요성을 한 눈에 보여줄 수 있는 한반도 지도를 국가 정체성으로 제시하고 있다. 물론 초등학생들은 한반도 지도를 보여 주면서 휴전선을 그리지 않고 있다. 그들은 아마도 분단의 모습을 애써 지도 속에서 지움으로써 강한 통일에의 의지를 보여 주고 있다고 본다. 또한 실제로 일반적으로 학교 교육과정이 아닌 영역에서는 영토 정체성에 관한 논의가 많이 제기되고 있다. 그 중에서 대표적인 것이 독도 문제이다. 독도 자체에 초점을 맞춘 것은 아니지만 연구 대상자 중 영토 정체성에 대해 독도를 제시한 경우는 단 한 명이었다. 독도에 대한 국민의 관심은 일본과의 마찰을 통하여 고조되었지만 영토 정체성으로 이어지지는 않고 있다. 독도 문제와 더불어 제기되는 동해도 영토 정체성에서 벗어나 있다. 동해의 표기 문제나 우리 영토에서 동해의 중요성이 학생들에게 각인되지 않고 있는 것이다. 그리고 다양한 언론 매체에서 제시된 고구려 및 발해 영토, 간도 문제 그리고 백두산은 영토 정체성에서 중요한 위치를 차지하지 못하고 있다. 이 점으로 볼 때 영토 문제를 강조할 필요가 있다고 본다. 한편으로 영토 교육에서의 가능성은 사계절에서도 찾을 수 있을 것이다. 다시 말해 우리 영토의 특징을 학생들에게 잘 제시해 줌으로써 영토 정체성을 갖게 할 필요가 있다. 전반적으로 초등학생들이 지니는 국가 정체성에서 영토 정체성이 차지하는 비중과 기능이 낮음은 초등학교 지리 교육이 지역 정체성 교육과 계통지리 교육이 중심이 되어 구성된 데서 비롯된 것으로 생각된다. 지리 교육의 근간을 흔들 필요는 없지만, 초등사회과 교과서나 초등교사 교육을 통하여 영토 정체성을 담을 수 있는 교육기회를 확대할 필요가 있다. 특히 초등학교 재량 활동이나 특별 활동 교육에서 영토 정체성을 지니기 위한 영토 교육의 기회를 확대할 필요가 있다.

제2부

–

어린이의 지리 개념에 관한 이해

–

제5장

–

어린이의 지리 오개념

–

1. 서론

우리들은 일상생활과 학교 교육을 통하여 많은 개념들을 배우고 있다. 우리들은 이렇게 배운 개념들을 바탕으로 사고하고 이해하며, 그리고 대화하고 행동하면서 살아가고 있다. 개념은 오랫동안의 경험이나 조작적 정의에 의해서 만들어진 약속이자 기호이다. 이 약속과 기호는 다른 사람들과의 대화를 용이하게 하고, 사고를 확대 재생산하는 데 큰 기여를 한다. 그러나 약속과 기호인 개념의 의미를 잘못 이해하거나 다르게 이해하는 경우 많은 오류를 낳을 수도 있다. 다시 말하여 개념에 대한 잘못된 이해, 즉 오개념은 또 다른 오해를 낳을 수도 있다. 이와 같이 오개념은 합리적인 사고를 저해할 수 있고 사고의 낭비를 가져올 수 있다. 따라서 초등학생들이 합리적인 사고를 하기 위해서는 개념에 대한 바른 이해가 필요하다.

이와 같은 논의에서 지리 개념도 예외는 아니어서 초등학생들은 지리 개념에 대한 바른 이해와 잘못된 이해를 함께 지니고 있을 수 있다. 이러한 지리 오개념은 사회과 지리수업을 통해서 적극적으로 해결될 수 있지만, 초등학생들의 지리 오개념을 수정하기 위해서는 기본적으로 지리 오개념의 형성 원인과 그 현상에 대한 이해가 필요하다. 다시 말하여 기본적으로 오개념이 어떻게 형성되며, 그리고 어떤 유형으로 일어나는가에 대한 정보가 필요하다.

이에 이 장에서는 초등학생을 대상으로 지리 오개념을 살펴보고, 그 결과를 분석·논의하고자 한다. 그리고 초등학교 사회과 지리 학습을 위한 지리 개념의 선정이나 학습자 이해에 관한 기초적인 정보를 제공하고자 한다.

이 장에서는 지리 개념을 자연지리 개념으로 한정하였다. 그 이유는 초등학교 사회과에서 배운 모든 지리 개념을 대상으로 오개념 여부를 조사하기에는 어려움이 많이 있고, 자연지리 개념은 인문지리 개념에 비해서 상대적으로 조작적 정의가 용이하다는 점에 있다. 또한 자연지리 개념은 초등학교 사회과 교과서에 교과 단원 내용으로 구성되어 있지 않기 때문에 이에 대한 오개념의 발생 가능성이 높게 나타날 것으로 생각되기 때문이다. 그리고 여기에서는 초등학교 3~6학년 사회과 교과서 중에서 인문지리 영역을 다루면서 사용되고 있는 자연지리 개념을 추출하였으며, 주로 지도, 지형, 기후 및 해양 영역과 관련된 개념들을 중심으로 추출하였다.

이 장에서는 오개념을 개념에 대해 부정확하거나 그릇된 이해를 지니고 있는 상태로 정의하였다. 그래서 지리 오개념은 '학생들이 지리 개념에 대해 부정확하거나 그릇된 이해를 지니고 있는 상태'로 정의하였다. 비록 오개념에 대한 정의가 다양하게 제시될 수 있으나, 오개념의 핵심은 그것의 형성 원인이 학교 교육에 의한 것이든지, 혹은 대중 매체 등에 의한 것이든지 간에 개념에 대한 잘못된 이해의 상태라는 점에 중점을 두고서 정의를 하였다.

그래서 여기에서는 오개념의 성인(成因)에 관계없이 지리 개념에 대한 그릇된 이해의 정도를 중심으로 지리 오개념을 살펴보았다.

이 장에서는 11개[1]의 자연지리 개념을 선택하여, 이 개념에 대한 오개념 정도를 알아보았다. 이 자연지리 개념들의 정의는 지리학 사전과 일반 사전을 참고하였다. 11개의 지리 개념에 대한 오개념을 알아보기 위하여 질문지를 작성하였다. 질문지는 문항을 제시하고 이 문항에 대한 답안들 중에서 하나를 선택하도록 구성한 선택형 문항과, 초등학생들의 정확한 이해 정도와 오개념 유형을 알아보기 위해서 그 이유를 서술형으로 제시하도록 구성하였다.[2]

연구 대상은 3~6학년 과정에서 이미 이 개념들을 배운 초등학교 6학년 학생으로 한정하였다. 연구 대상은 도시와 농촌 지역의 각각 3개 초등학교의 6학년 학생 98명으로 하였다. 그리고 이들을 대상으로 실시한 질문지는 담임 교사의 협조를 얻어서 모두 회수하였다.

질문지의 분석은 선택형과 서술형 문항의 오답률을 살펴보았으며, 서술형 문항은 오개념을 지닌 것으로 판단된 학생들의 진술을 대상으로 그 유형을 분류하고 그 비율을 알아보았다. 그리고 서술형 문항에서는 응답을 하지 않거나 모른다고 대답한 초등학생의 질문지들은 오개념의 유형을 알아볼 수 없어서 분석의 대상에서 제외하였다. 오류의 원인을 살펴보기 위해서 서

---

1) 이 개념들은 초등학교 사회과 지리 영역에서 빈번하게 소개되는 자연지리 개념들을 선별한 것이다. 이 개념들은 지도 개념을 제외하고는 지리 영역의 인문지리 내용을 소개하는 가운데 제시되는 개념들이다. 이 개념들은 지도, 기후, 지형과 해양 영역의 개념들로서 영역마다 고르게 개념들을 선별하였다. 이 개념들은 초등 사회과 지리 영역의 교과 내용을 이해하는 데 기초적인 역할을 하고 있다.
2) 문항은 '반도는 평평한 평지로 이루어진 섬을 말한다'와 같이 제시하고, 이에 대해서 '예, 아니요, 답이 없다' 중에서 하나를 택하게 하였다. 그리고 '그 이유는?'의 서술형 문항을 주어서 자신의 답에 대한 이해의 근거를 주관적으로 서술하도록 구성하였다.

술형 문항 중 오답으로 분류된 결과만을 분석하였고, 그것들을 일정한 유형
으로 재분류하여 처리하였다.

2. 지리 오개념의 분석

여기서는 초등학생의 자연지리 개념을 크게 네 가지 영역, 즉 지도, 기후,
지형 및 해양으로 나누고, 이 영역에 속하는 개념들을 대상으로 지리 오개념
을 분석하였다. 분석 대상으로 삼은 지리 개념은 지도 영역의 등고선과 대축
척 지도, 기후 영역의 기후, 강우량, 집중 호우와 태풍, 지형 영역의 반도, 사
막과 산사태, 그리고 해양 영역의 해류 및 한류와 난류이다.

1) 지도 영역의 오개념 분석

등고선 개념에 대한 오개념 분석
등고선[3]의 개념을 살펴보면 그 결정적 속성은 '같은 높이'이다. 여기서 높
이는 상대적인 것이어서 다른 높이와의 비교를 통하여 그 높이의 높고 낮음
이 결정되는 것이므로 등고선 개념에서는 또 다른 등고선과의 관계를 이해
하는 것이 중요한 의미를 지닌다. 즉, 두 등고선과의 간격이 넓으면 상대적
으로 경사가 완만한 상태이고, 그 간격이 좁으면 경사가 급한 상태를 지닌
높이를 나타내줌을 이해하는 것이 중요하다.

---

3) 지도 상의 높낮이를 나타내기 위해 쓰이는 선으로, 해수면을 기준으로 같은 높이의 지점을 연
결한 선이다.

등고선 개념에 대한 선택형 문항의 오답률은 48.0%로 나타났다. 그러나 이에 대한 서술형 문항의 오답률은 74.4%로 나타났다(표 5-12 참조). 등고선 개념에 대한 오개념을 살펴보면, 등고선 자체와 서로 다른 등고선 간의 관계의 의미를 정확하게 이해하고 있는 학생들이 매우 적었다. 질문 대상 중 '등고선이 같은 높이를 나타내고', '간격이 넓을수록 완만하다'라고 표현한 10% 정도의 학생들이 등고선 개념과 등고선 간의 관계를 정확하게 이해하였다. 또한 등고선 개념에 대한 오개념의 유형(표 5-1)을 살펴보면, 등고선의 결정적 속성을 이해하지 못하는 경우, 즉 '등고선은 산의 넓이다', '등고선은 위에서 쳐다보는 것이기 때문에', '등고선의 간격은 산의 높이를 나타낸 것임' 등을 들 수 있다. 다음으로 등고선 간의 관계에 대한 오해의 유형에는, '등고선은 급한 곳에서는 넓고 완만한 곳에서는 좁다', '꼭 완만한 곳에서 넓어진다는 보장이 없어서', '등고선의 간격은 일정하다', '높으면 높을수록 좁고 낮으면 낮을수록 넓어진다'를, 그리고 직관적 사고의 이해 수준인 'TV에서 봤다', '완만한 곳이 더 넓게 생각되니까', '경사가 낮을수록 많이 보이고

표 5-1. 등고선 개념에 대한 오개념 유형

유형	사례	비율(%)
결정적 속성에 대한 오해	• 등고선의 간격은 산의 높이를 나타낸 것임 • 산의 넓이이기 때문에 • 등고선은 위에서 쳐다보는 것이기 때문에 • 등고선은 급한 곳에서는 넓고 완만한 곳에서는 좁다 • 꼭 완만한 곳에서 넓어진다는 보장이 없어서 • 등고선의 간격은 일정하다 • 높으면 높을수록 좁고 낮으면 낮을수록 넓어진다	77.3
유년적 사고 수준	• 경사에 따라 낮을수록 많이 보이고 거리가 멀어지니까 • 완만한 곳이 더 넓게 생각되니까	15.4
직관적 사고 수준	• TV에서 봤다	7.3

거리가 멀어지니까'가 있다.

이를 통해 볼 때, 등고선 개념에 대한 초등학생들의 이해 수준은 등고선이 동일한 높이를 연결한 선이라는 정확한 개념 인식, 즉 결정적 속성에 대한 이해가 낮은 것으로 보이며, 더욱이 등고선 개념을 활용한 경우인 등고선과의 관계를 묻는 경우에 그 개념의 혼동이 더욱 크게 나타났다고 볼 수 있다.

대축척 지도 개념에 대한 오개념 분석

대축척 지도[4] 개념을 이해하기 위해서는 축척 개념에 대한 이해를 필요로 한다. 축척 개념은 실제 거리를 지도 상의 길이로 축소하는 비율이라고 볼 수 있고, 대축척 지도는 실제 거리를 지도 상의 거리로 줄이는 비율의 정도를 나타내는 상대적인 개념을 의미한다. 대축척이라 함은 축척률이 작음을 뜻한다. 즉 상대적으로 실제 크기를 덜 줄였다는 말이다. 그래서 이 개념의 결정적 속성은 '축척률'이라고 볼 수 있다. 그리고 축척률의 상대적인 차이가 비결정적인 속성이라고 볼 수 있다. 이 두 속성을 이해하기 위해서는 수학의 분수에 대한 정확한 이해가 필요하다.

대축척 지도 개념에 대한 오답률은 선택형의 경우 85.7%, 서술형의 경우 91.3%로 나타났다(표 5-12 참조). 대축척 지도 개념에 대한 이해를 살펴보면 대부분의 학생들이 이 개념을 오해하였다. 그 오개념에 대한 대표적인 유형(표 5-2)을 살펴보면, 먼저 결정적 속성에 대한 오해 유형을 들 수 있다. 그 구체적인 사례로는 '좁은 지역을 대축척하면 아예 보이지 않을 것 같다', '큰 지역을 너무 크게 하면 다른 지역을 표시할 수 없어서' 등을 들 수 있다.

---

4) 대축척 지도는 축척을 작게 하여 좁은 지역을 자세하게 나타낸 지도로서, 보통 축척의 크기가 1/50000 이하인 지도가 이에 속한다.

표 5-2. 대축척 지도 개념에 대한 오개념 유형

유형	사례	비율(%)
결정적 속성에 대한 오해	• 좁은 지역을 대축척하면 아예 보이지 않을 것 같아서 • 큰 지역을 너무 크게 하면 다른 지역을 표시할 수 없어서	13.0
문자적 해석의 오해	• 대는 넓다는 뜻이고, 소는 작다는 뜻이기 때문	82.6
직관적 사고 수준	• 옷도 사이즈가 있듯이 지도의 사이즈이다	4.3

'대는 넓다는 뜻이고 소는 작다는 뜻이다'와 같이 문자적 해석의 오해를 들 수 있다. 이는 82.6%를 차지할 정도로 높은 비중을 보이고 있다. 이 오해는 대축척 지도의 '대'가 주는 강한 의미에서 기인하고 있음을 보여 주고 있다. 그리고 직관적 사고의 이해를 보여 주는 사례로는 '옷도 사이즈가 있듯 지도의 사이즈이다'를 들 수 있다.

2) 기후 영역의 오개념 분석

기후 개념에 대한 오개념 분석

기후[5] 개념을 분석해 보면, 이 개념의 결정적 속성은 '평균적인 날씨의 상태'이다. 여기에서 평균은 여러 해 동안의 어떤 요소의 값을 필요로 한다. 보통 30년 이상의 기후 요소의 값을 필요로 하는데, 이 값이 모든 지역에서 같지 않기 때문에 특정 지역에 한정해서 그 값을 얻는다. 그래서 어느 지역의 일정 기간 동안 이상의 기후 요소의 평균을 낸 값이 기후 개념의 핵심이라고 볼 수 있다. 따라서 강수량, 바람, 기온 등의 기후 요소, 기간과 지역은 결정

---

5) 어느 지역에서 오랜 시일에 걸쳐 일어나는 날씨의 상태, 즉 기온, 강수량, 습도, 바람 등을 종합하여 평균한 것을 말한다.

적 속성보다 차하위적인 속성인 비결정적 속성으로 볼 수 있다.

기후 개념에 관한 오답률은 선택형 문항의 경우 35.7%, 서술형의 경우 58.7%로 나타났다(표 5-12 참조). 기후 개념에 대한 오개념 유형(표 5-3)을 보면, 먼저 결정적 속성에 대한 오해를 들 수 있다. 이는 결정적 속성인 평균 상태라는 점을 이해하지 못함으로써 유사 개념인 날씨와 혼동하는 유형이다. 그 구체적인 사례로는 '전국의 기후가 매일 다르다', '어떤 곳은 바람, 어떤 곳은 비가 올 수도 있다', '각 도마다 날씨가 다르다', '일기예보를 보면 기후가 다 틀리니까' 등을 들 수 있다. 다음으로 '기온이 계절에 따라 변해서', '각 지역마다 온도가 다르다'와 같이 비결정적인 속성인 기후 요소 중 기온만을 중심으로 이해하는 데서 나타나는 오해 유형을 들 수 있다. 그리고 '우리나라는 사계절이 뚜렷하므로', '계절이 오는 시기가 대체적으로 비슷하기 때문에'와 같이 기후 개념을 조작적 정의로서보다는 일상적인 생활 용어로서 받아들이려는 유형이 있다. 마지막으로 '지역마다 높낮이가 달라서', '개마고원과 같은 지역은 한겨울이 아니어도 춥기 때문에'와 같이 기후 개념에

표 5-3. 기후 개념에 대한 오개념 유형

유형	사례	비율(%)
결정적 속성에 대한 오해	• 전국의 기후가 매일 다르다 • 어떤 곳은 바람, 어떤 곳은 비가 올 수도 있다 • 각 도마다 날씨가 다르다 • 일기예보를 보면 기후가 다 틀리니까	36.1
비결정적 속성에 대한 오해	• 기온이 계절에 따라 변해서 • 각 지역마다 온도가 다르다	22.2
일상 용어와의 비구별로 인한 오해	• 우리나라는 사계절이 뚜렷하므로 • 계절이 오는 시기가 대체적으로 비슷하기 때문에	25.0
선행 지식의 오류로 인한 오해	• 지역마다 높낮이가 달라서 • 개마고원과 같은 지역은 한겨울이 아니어도 춥기 때문에	16.7

어린이의 지리학

관한 선행 지식의 오류로 인한 오개념 유형이 나타났다.

기후 개념에 대한 오개념을 정리해 보면, 결정적 속성에 대한 오해로 인해서 날씨 개념과 많이 혼동하고 있었으며, 기후를 사계절, 계절이 오는 시기 등과 같은 일상적 생활용어와의 혼용으로 인해서 많은 오개념이 형성됨을 알 수 있다. 그리고 상대적으로 다양한 오개념 유형과 사례들이 형성되고 있음을 보여 준다.

강우량 개념에 대한 오개념 분석

강우량[6) 개념의 결정적 속성은 '비'이다. 이 개념은 강수량 개념보다는 하위 개념이고, 강설량 개념과는 동위 개념이다. 그래서 이 개념의 이해는 개념 간의 계층성을 이해하는 것이 중요하다.

강우량 개념에 대한 학생들의 오답률은 선택형의 경우 35.7%, 서술형의 경우 25.9%로 나타났다(표 5-12 참조). 강우량 개념을 정확하게 이해하고 있는 학생은 64.3%이고, 서술형의 경우 74.1%이다. 대체로 강우량 개념에 대한 이해도는 매우 높은 것으로 나타났다. 강우량 개념에 대한 오개념 유형 (표 5-4)을 살펴보면, 먼저 개념간의 계층성에 대한 오해를 들 수 있다. 이의 구체적인 사례로는 '비의 양과 눈의 양은 둘 다 물로 같기 때문에', '강우량은 눈이나 비가 많이 오는 것', 그리고 '눈, 비를 잴 때 사용하는 것 같아서' 등을 들 수 있다. 이 경우는 강우량 개념을 상위 개념인 강수량과 동위 개념인 강설량을 구별하여 사용하지 않거나, 그 차이를 제대로 이해하지 못한 데서 기인한 오개념이라고 볼 수 있다. 또한 개념 자체에 대한 인식이 없이 문자적 해석의 오류로 인한 오해를 들 수 있다. 구체적인 사례로는 '강우량은 비가

---

6) 일정한 곳에 일정 시기 동안 내린 비의 양이다.

표 5-4. 강우량 개념에 대한 오개념 유형

유형	사례	비율(%)
개념 간의 계층성에 대한 오해	• 비의 양과 눈의 양은 둘 다 물로 같기 때문에 • 강우량은 눈이나 비가 많이 오는 것 • 눈, 비를 잴 때 사용하는 것 같아서	54.6
문자적 해석의 오해	• 강우량은 비가 와서 강이 넘치는 정도를 말한다	13.6
직관적 사고 수준의 이해	• TV에서 보았다 • 부모님께 들어서	31.8

와서 강이 넘치는 정도를 말한다'를 들 수 있는데, 이는 '강'을 '하천'으로, 그리고 '우'를 '비'로 이해함으로써 오개념이 형성되었다고 볼 수 있다. 그리고 'TV에서 보았다', '부모님께 들어서'와 같이 아직 개념 형성이 되지 않은 직관적 사고 수준의 오개념 유형도 존재한다.

집중 호우 개념에 대한 오개념 분석

집중 호우[7] 개념은 보통 하루 동안 어느 지역에 비가 100mm 이상이 내리는 강우 현상을 의미한다. 이 개념을 분석해 보면 결정적 속성은 '100mm 이상의 강우'라고 볼 수 있다. 그리고 이 강우 현상의 시간적 그리고 장소적 제한성이 그 의미를 보다 명료하게 하는 비결정적 속성이라고 볼 수 있다. 따라서 이 개념의 바른 이해는 100mm 이상의 강우와, 그 강우의 시간과 장소적 제한성을 함께 이해하는 것이다. 그리고 집중 호우의 성인을 이해하기 위해서는 장마전선, 태풍 개념 등 관련 개념에 대한 이해를 필요로 한다.

집중 호우 개념에 대한 학생들의 오답률은 선택형의 경우 58.2%이고, 서술형의 경우 55.2%로 나타났다(표 5-12 참조). 이 개념에 대한 오개념 유형

---

7) 짧은 시간 동안 일정한 지역에 내리는 강한 비이다.

〈표 5-5〉을 살펴보면, 먼저 '집중 호우는 며칠 동안 비가 계속 오는 것이다', '어느 때나 오랫동안 비가 많이 내리면 된다' 등을 들 수 있다. 이는 결정적 속성인 강한 비 혹은 많은 비에 대한 인식은 이루어지고 있으나, 시간적 속성이나 장소적 속성 중 어느 하나에 대한 명료화가 부족한 경우의 유형이라고 볼 수 있다. 그리고 '어느 지역만 예를 들어 비나 눈이 많이 올 때'의 사례와 같이, 결정적 속성에 대한 오해의 유형이 있다. 이는 '비나 눈이 많이 올 때'라고 인식하여, 정확히 비에 대한 개념임을 혼동하고 있는 유형이다. 이는 완전한 오개념이라기보다는 유사 정답적 성격이 강한 유형이라고 볼 수 있다. 그리고 비결정적 속성에 대한 오해 유형과 개념의 미형성 유형을 들 수 있는데 그 사례로는 각각 '비만 많이 와서', 그리고 '소나기라서', '그렇게 비가 많이 올 리가 없으므로', '집중 호우란 춥고 쌀쌀하다는 뜻이기 때문에'를 들 수 있다.

이를 통해서 볼 때, 초등학생들은 집중 호우 개념을 결정적 속성인 비의 양과 비결정적인 속성인 장소적 그리고 시간적 특성을 통한 조작적 정의로 받아들이기보다는 유사 개념적 성격과 개념의 미형성으로 오개념이 이루어

표 5-5. 집중 호우 개념에 대한 오개념 유형

유형	사례	비율(%)
결정적 속성에 대한 오해	• 어느 지역만 예를 들어 비나 눈이 많이 올 때 • 그리 길게 가지 않는다	10.5
비결정적 속성에 대한 오해	• 비만 많이 와서 • 집중 호우는 며칠 동안 비가 계속 오는 것이다 • 어느 때나 오랫동안 비가 많이 내리면 된다	47.4
개념의 미형성	• 소나기라서 • 비가 갑자기 내린다는 말 • 그렇게 비가 올 리가 없으므로 • 집중 호우란 춥고 쌀쌀하다는 뜻이기 때문에	42.1

짐을 알 수 있다. 그리고 학생들이 집중이라는 언어적 요소를 대체로 '많은 비'라는 의미로 받아들여 개념을 이해하고 있음을 볼 수 있다. 이 점이 집중호우를 조작적 정의로 받아들이는 데 많은 저해 요소가 되지 않는가 생각한다. 이 개념을 바로 이해하기 위해서는 '호우'를 통해서 결정적 속성을 이해하고, 호우의 수식어인 '집중'을 통해서 장소적·시간적 제한성을 이해하는 것이 바른 이해를 가져다 줄 것으로 생각된다.

태풍 개념에 대한 오개념 분석

태풍8) 개념의 기본적인 속성은 바람과 비라고 볼 수 있다. 좀 더 구체적으로 표현하면 '강한 바람과 많은 양의 비'라고 볼 수 있다. 그리고 비결정적인 속성은 태풍의 성인(成因)과 발생시기이다. 강풍과 호우라는 태풍의 속성은 태풍을 발생 원인과 발생 장소를 중심으로 보는 열대성 저기압보다 더 결정적 속성에 속한다.

태풍 개념에 대한 오답률은 선택형의 경우 61.28% 이고, 서술형의 경우 50.0%로 나타났다(표 5–12 참조). 태풍 개념에 대한 오개념 유형(표 5–6)을 살펴보면, 먼저 '태풍은 강한 바람만 불기 때문에 오래가지 않는다', '태풍이 불 때 비가 오는 것을 보지 못했기 때문에'와 같은 사례를 들 수 있다. 이는 태풍 개념의 속성인 바람에 의존해서 이해하고 있는 유형으로서 결정적 속성에 대한 오해 유형이라고 볼 수 있는데 주로 태풍의 '풍'자가 바람을 의미하는 것으로 받아들여, 태풍의 또 다른 결정적 속성인 많은 비를 놓침으로써 오개념이 발생한 것으로 보인다. 다음으로 '장마철이라서', '7~9월에 태풍이 많이 오니까', '태풍은 다른 때도 많이 발생한다'는 비결정적 속성 중심의 오

---

8) 태풍은 많은 비와 강한 바람을 동반한 열대성 저기압이다.

표 5-6. 태풍 개념에 대한 오개념 유형

유형	사례	비율(%)
결정적 속성에 대한 오해	• 태풍은 강한 바람만 불기 때문에 오래가지 않는다 • 태풍이 불 때 비가 오는 것을 보지 못했기 때문에	25.0
비결정적 속성에 대한 오해	• 장마철이라서 • 7~9월에 태풍이 많이 오니까 • 태풍은 다른 때도 많이 발생한다	55.0
직관적 사고 수준의 이해	• TV에서 봤다	20.0

해 유형이다. 이는 일상생활에서 접하는 태풍의 발생 시기를 중심으로 이해하는 데서 나타나는 오류 유형으로 볼 수 있다. 마지막으로 'TV에서 봤다'와 같은 사례를 들 수 있다. 이는 직관적 이해의 수준이라고 볼 수 있다.

이를 토대로 볼 때, 태풍 개념에 대한 대부분의 오개념은 태풍의 결정적 속성에 대한 이해 부족과 일상생활의 경험적 측면에서 태풍 개념을 받아들이는 데서 많은 오개념이 형성되고 있음을 알 수 있다. 그래서 많은 양의 비에 대한 인식이 적은 반면, 태풍 발생 시기에 대해서 매우 민감하게 인식하고 있음을 보여 주고 있다.

3) 지형 영역에 대한 오개념 분석

반도 개념에 대한 오개념 분석

반도[9] 개념의 결정적인 속성은 '돌출된 땅과 3면의 바다'이다. 그리고 그 반도의 모양은 다양하게 나타난다. 이 개념은 3면이 육지로 둘러싸인 바다

---

9) 반도는 육지가 바다 쪽으로 튀어나와 3면이 바다로 둘러싸인 땅이다.

인 만과 상대적인 개념이자 동위 개념이다.

반도 개념에 대한 학생들의 오답률은 선택형의 경우 44.9%, 서술형의 경우 77.8%로 나타났다(표 5-12 참조). 이 개념 분석을 토대로 학생들의 오개념 유형(표 5-7)을 살펴보면, 먼저 '섬 도를 써서 섬인 것 같다', '섬의 반절을 말한다', '반도는 제주도 같이 평평한 지역의 섬이다'와 같이 속성보다는 문자적 해석으로 접근하는 유형을 볼 수 있다. 이는 반도의 '도'. 즉 '섬 도(島)'만을 중심으로 이해함으로써 일어난 오개념의 사례들이다. '반도는 반듯하기 때문에 반도라는 말이 붙여졌다'는 또 다른 형태의 언어적 오류라고 볼 수 있다. 그리고 반도의 상대 개념인 만의 오해로 인하여 '우리나라도 만처럼 튀어나왔고 한반도라고 하던데'라고 이해하는 경우도 있고, '한국을 한반도라고 부르는데 섬이라고 하기에는 너무 크다'와 같이 반도와 섬 개념을 혼동하는 경우도 있다. 또한 '반도는 평지이다', '반도는 평평하지만 섬은 아니다', '반도는 산으로 이루어진 것 같다', 반도는 지구의 끝 같다', '무슨 말인지 모르겠다'와 같이, 반도의 속성과 전혀 무관한 반응도 나타났다. 마지막으로 '바다와 가까운 곳'과 같이 바다의 속성을 제시하긴 하였지만, 아주 초보적인 이해 수준도 있다.

이를 통해서 볼 때, 반도 개념에 대한 오개념은 대부분 반도 개념을 속성을 통한 조작적 이해보다는 개념의 문자적인 의미에 집착함으로써 비롯되고 있음을 알 수 있다. 학생들은 반도의 개념을 문자적인 의미의 오해로 인해서 반도와 전혀 다른 개념인 '섬', '평지'와 '섬의 반절'로 이해하는 경우가 나타났다. 그리고 인접 개념들 간의 혼동, 즉 '반도', '만'과 '섬' 간의 명확한 개념 구분이 이루어지지 않음으로써 오개념이 형성되고 있음을 알 수 있다.

표 5-7. 반도 개념에 대한 오개념 유형

유형	사례	비율(%)
문자적 해석의 오해	• 섬 도를 써서 섬인 것 같다 • 반도는 제주도같이 평평한 지역의 섬이다 • 섬의 반절을 말한다 • 반도는 반듯하기 때문에 반도라는 말이 붙여졌다	36.1
개념의 미형성	• 평지로만 이루어지지는 않았다 • 한반도는 평지이기 때문에 • 우리나라도 만처럼 튀어나왔고 한반도라고 하던데 • 한국을 한반도라고 부르는데 섬이라고 하기에는 너무 크다 • 반도는 평평하지만 섬은 아니다 • 반도는 산으로 이루어진 것 같다 • 반도는 지구의 끝 같다 • 무슨 말인지 모르겠다	58.3
직관적 사고 수준의 이해	• 바다와 가까운 곳	5.7

사막 개념에 대한 오개념 분석

사막[10] 개념의 결정적 속성은 '강수량과 황무지'라고 볼 수 있다. 즉, 적은 강수, 보통 연평균 200mm 이하의 강수량으로 인하여 형성된 황무지가 사막 개념을 이해하는 데 매우 중요하다. 그리고 비결정적 속성은 강수량으로 인해서 형성된 현상들, 즉 식생 경관, 지형 구성 요소 등이라고 볼 수 있다. 그래서 이 결정적 속성과 비결정적 속성을 함께 이해하는 것이 사막에 관한 바른 이해라고 볼 수 있다.

사막 개념에 대한 학생들의 오답률은 선택형의 경우 68.4%, 서술형의 경우 100.0%로 나타났다(표 5-12 참조). 이 사막 개념에 대한 오개념 유형(표 5-8)을 살펴보면, 먼저 사막의 결정적 속성의 일부인 강수량을 기초로 해서

---

10) 강수량이 적어 형성된 지형으로서 사람들이 살 수 없는 황무지이다.

이해를 하고 있는 유형을 살펴볼 수 있다. 그 구체적인 사례로는 '비가 조금 씩 온다', '사막이라 해도 비가 많이 내리지만 모래가 물을 저장하지 못하고 흘려 보내기 때문이다', '비가 안 와서 사막이 생겼다', '비가 오지 않고 모래 로만 덮여 있어서', '비가 오지 않아도 식물과 동물은 몇 가지 있다', '너무 뜨 겁고 비가 내리지 않아서', 1년이 지나도 몇 년이 지나도 비가 오지 않는다', '사막은 비가 오는 것은 1/100보다 작다', '가장 건조하기 때문에' 등이다.

이를 통해서 볼 때 학생들은 사막 개념을 비와 관련하여 두 가지 기준이 적용되고 있음을 볼 수 있다. 즉 '비가 온다'와 '비가 오지 않는다'라는 기준 이 그것이다. 이는 사막의 결정적 속성인 강수량을 중심으로 한 조작적 정의 에는 미치지 못하고 있으나 사막에 대한 유년적 개념(naive concept)을 지 니고 있다고 볼 수 있다. 그러나 적은 강수량으로 인하여 사람이 살 수 없는 곳이 만들어지고 이곳을 사막이라고 부른다는 점을 충분히 이해하지 못하 고 있음을 알 수 있다.

그러나 '사막은 덥고 모래로만 이루어져 있다', '비가 오지 않고 모래로만 덮여 있어서', '바람이 세게 불어 바위가 깎여 모래로 뒤덮여 있다'라는 이해 는 사막 개념에 대한 오개념으로 볼 수 있다. 사막의 비결정적 속성인 지형 구성 요소가 모래로만 이루어진 것은 아니고 자갈, 암석, 식생, 동물 등으로 도 구성되어 있기 때문이다. 이런 이유는 학생들이 모래로만 이루어진 전형 적인 사막 경관을 주로 대중 매체나 학교 교육에서 접해 왔기 때문으로 생각 된다. 그리고 사막 현상으로 인하여 나타나는 결과를 결정적 속성으로 잘못 이해함으로써 오개념이 형성되고 있다. 여기에는 '사막은 기온의 차이가 너 무 커 낮은 무덥지만 저녁은 바람이 세게 분다', '바람이 세게 불어 바위가 깎 여 모래로 뒤덮여 있다', '태양이 비추는 나라들이라 뜨거워서' 등의 사례가 있다. 한편 직관적 이해의 수준도 나타나는데, 이는 앞서 언급한 것처럼 사

표 5-8. 사막 개념에 대한 오개념 유형

유형	사례	비율(%)
결정적 속성에 대한 부분적 오해	• 비가 조금씩 온다 • 사막이라 해도 비가 많이 내리지만 모래가 물을 저장하지 못하고 흘려 보내기 때문이다 • 비가 안 와서 사막이 생겼다 • 비가 오지 않고 모래로만 덮여 있어서 • 비가 오지 않아도 식물과 동물은 몇 가지 있다 • 너무 뜨겁고 비가 내리지 않아서 • 1년이 지나도 몇 년이 지나도 비가 오지 않는다 • 사막은 비가 오는 것은 1/100보다 작다 • 가장 건조하기 때문에	65.1
결정적 속성에 대한 오해	• 사막은 덥고 모래로만 이루어져 있다 • 비가 오지 않고 모래로만 덮여 있어서 • 바람이 세게 불어 바위가 깎여 모래로 뒤덮여 있다	9.5
비결정적 속성에 대한 오해	• 오아시스도 있을 수 있으므로 • 사막에 흙이나 돌도 있을 수 있다 • 꼭 모래로만 있는 것은 아니다 • 적도 근처가 아니다	1.6
직관적 사고 수준의 이해	• TV에서 봤다	23.8

막 개념의 이해가 대중 매체의 영향을 받고 있음을 볼 수 있다. 'TV에서 봤다'라고 답한 학생들은 전형적인 모래 사막 중심의 사막 경관을 봄으로써 사막 개념을 형성했으리라 판단된다.

이를 통해서 볼 때, 학생들이 사막 개념을 결정적 속성의 일부인 적은 강수량을 중심으로 이해하려는 경향을 보이고 있음을 알 수 있다. 그러나 적은 강수량은 사막 개념을 형성하는 데 결정적인 필요조건을 제공하고 있지만 이로 인하여 인간이 살 수 없는 곳이라는 충분조건에 대한 이해가 부족한 것으로 보인다. 그리고 사막 개념에 대한 조작적 이해가 형성되지 못한 직관적 이해의 수준이 여전히 높게 나타나고 있음을 볼 수 있다.

산사태 개념에 대한 오개념 분석

산사태[11] 개념은 자연지리적 개념보다는 일반적인 자연재해의 용어로 많이 사용되고 있다. 그러나 이미 교과서에서 자연재해와 관련하여 개념화하여 사용하고 있기 때문에 여기서 다루고자 한다. 산사태는 사태의 하위 개념으로 볼 수 있다. 산사태의 결정적 속성은 '산지와 이동'이다. 산지는 경사면을 제공하고, 이동은 흙 등의 무너져 내림을 가져온다. 산사태는 중력의 힘보다 경사면의 이동력이 더 클 때 발생하는데, 이 경사면의 이동력을 줄이는 요소가 산지의 경사도와 산림의 상태이다. 반면 이동력을 키우는 요소는 지진, 집중 호우나 폭설 등이다. 이와 관련된 현상은 비결정적 속성이라고 볼 수 있다.

산사태 개념에 대한 오답률은 선택형의 경우 24.5%, 서술형의 경우 73.5%로 나타났다(표 5-12 참조). 산사태 개념에 대한 학생들의 오개념 유형(표 5-9)을 살펴보면, 대체로 일상적인 생활용어로서 학생들이 접근하고 있음을 알 수 있다. 즉, 산사태의 결정적 속성보다는 산사태를 가져오는 원인과 그로 인한 결과를 중심으로 이해를 하고 있다. 이런 경향은 완전한 오개념을 지니고 있다라고 하기보다는 비결정적 속성을 결정적 속성으로 이해함으로써 나타나는 상투개념화 현상으로 볼 수 있을 것이다. 이에 대한 구체적인 사례를 살펴보면, '비가 많이 오고 산에 나무가 별로 없으면 산사태가 발생한다', '홍수, 폭설 등으로 산사태가 일어난다', '산사태는 여러 가지 자연재해로 일어난다' 등이다.

산사태 개념에 대한 오개념의 사례로는 '산사태가 일어났다고 홍수, 폭설이 일어날 수 없다', '나무가 없어서 발생한다', '폭설로 눈이 많이 오기 때문

11) 산지의 일부나 산지의 암석이나 흙 등이 갑자기 무너져 내리는 현상이다.

어린이의 지리학

표 5-9. 산사태 개념에 대한 오개념 유형

유형	사례	비율(%)
결정적 속성에 대한 오해	• 비가 많이 오고 산에 나무가 별로 없으면 산사태가 발생한다 • 홍수, 폭설 등으로 산사태가 일어난다 • 산사태는 여러 가지 자연재해로 일어난다 • 지진으로도 날 수 있다	52.6
속성 자체에 대한 오해	• 산사태가 일어났다고 홍수, 폭설이 일어날 수 없다 • 나무가 없어서 발생한다 • 폭설로 눈이 많이 오기 때문이다	27.1
유년적 사고 수준의 이해	• 홍수가 내리면 흙이 씻겨 내려가므로 • 비로 땅이 깎여서	3.4
직관적 사고 수준의 이해	• TV에서 보았다 • 내가 직접 봤다 • 발생한 적이 없어서 모른다	16.9

이다' 등을 들 수 있다. 이는 결정적, 그리고 비결정적 속성 모두에 대한 이해가 부족한 상태라고 볼 수 있다. 다른 유형으로는 유년적 사고의 유형이 있다. 그 구체적인 사례로는 '홍수가 내리면 흙이 씻겨 내려가므로'와 '비로 땅이 깎여서'가 있다. 이는 넓게 보면 옳다고 볼 수도 있으나, 아직 이 개념을 과학적 인과관계로 설명을 할 수 있는 수준에 이르지 못하고, 현상을 있는 그대로 기술하고 받아들이려는 과학적 수준 이전의 단계라고 볼 수 있다. 다음으로 직관적 이해의 수준을 들 수 있다. 그 구체적인 사례들로는 'TV에서 보았다', '내가 직접 봤다', '발생한 적이 없어서 모른다'가 있다. 이는 산사태 개념을 사고보다는 직관적 경험에 의존하여 이해하려는 현상을 보여 준다고 볼 수 있다.

4) 해양 영역의 오개념 분석

해류 개념에 대한 오개념 분석

해류[12] 개념은 '바닷물의 이동과 그 이동의 방향성, 지속성'을 결정적 속성으로 하고 있다. 그리고 주요 성인인 바닷물의 밀도 차와 대기 대순환으로 인한 바람이 하위 속성을 형성하고 있다. 또한 하위 개념으로 한류와 난류를 들 수 있다.

해류 개념에 대한 오답률은 선택형의 경우 58.2%, 서술형의 경우 61.1%로 나타났다(표 5-12 참조). 이를 토대로 학생들의 해류 개념에 대한 오개념 유형(표 5-10)을 살펴보면, 먼저 해류의 결정적 속성을 이해하지 못하는 경우에서 오는 오개념 유형, 예를 들어 '해류는 기온의 차이가 적어 다른 방향으로 흐르지 않음'을 들 수 있다. 이는 바닷물의 이동성을 이해하지 못하는 데서 기인한 것으로 볼 수 있다. 다음으로 해류 개념의 계층성을 이해하지 못함으로써 나타나는 유형을 들 수 있다. 그 사례로는 해류 개념을 하위 개념인 한류와 난류의 포섭관계로만 이해하려는 사례, 즉 '난류와 한류의 종합적인 말'을 들 수 있다. 그리고 하위 개념의 속성을 토대로 상위 개념을 이해하려는 데서 비롯된 오개념의 유형에는 '해류는 찬물을 뜻하는 것 같다', '해류는 바닷물의 온도가 바뀌는 것이다'를 들 수 있다. 마지막으로 기타 유형으로는 문자적 해석의 오류(예: 해류는 바다에 사는 식물이다), 인접 개념인 밀물과 썰물 개념과의 혼동에서 비롯된 오류(예: 지구와 태양의 위치가 달라지기 때문에), 그리고 직관적 이해의 수준(예: 학교에서 배웠다, 책에서 봐서)

---

12) 바람이나 바닷물의 밀도 차이로 인하여 바다 표면의 물이 일정한 방향으로 지속적으로 흐르는 현상이다.

표 5-10. 해류 개념의 오개념 유형

유형	사례	비율(%)
결정적 속성에 대한 오해	• 해류는 기온의 차이가 적어 다른 방향으로 흐르지 않는다	13.3
개념의 계층성에 대한 오해	• 난류와 한류의 종합적인 말이다 • 해류는 찬물을 뜻하는 것 같다 • 해류는 바닷물의 온도가 바뀌는 것이다	36.8
문자적 해석의 오류	• 해류는 바다에 사는 식물이다	13.3
인접 개념과의 혼동	• 지구와 태양의 위치가 달라지기 때문에	10.0
직관적 사고 수준의 이해	• 학교에서 배웠다 • 책에서 봐서	26.6

이 있다.

이를 통해서 볼 때, 해류 개념은 대체로 결정적 속성인 바닷물의 이동성과 그 계층성의 포섭관계를 이해하지 못하는 데서 오개념이 형성되고 있음을 알 수 있다.

한류와 난류 개념에 대한 오개념 분석

한류와 난류[13] 개념의 결정적 속성은 온도이다. 그 온도는 상대적인 것으로서 다른 것보다 높거나 낮음으로써 분류될 수 있다. 그래서 '온도의 상대적인 차'가 두 개념을 정의하는 결정적 속성이라고 볼 수 있다. 그리고 이 한류와 난류 개념은 해류의 하위 개념이고, 한류와 난류는 동위 개념이다.

한류와 난류에 대한 오답률은 선택형의 경우 59.2%, 서술형의 경우 60.0%로 나타났다(표 5-12 참조). 두 개념에 대한 학생들의 오개념 유형(표 5-11)을 살펴보면, 먼저 결정적 속성에 대한 오해에서 비롯된 오개념 유형

---

13) 난류는 수온이 상대적으로 따뜻한 해류이고, 한류는 수온이 상대적으로 차가운 해류이다.

표 5-11. 한류와 난류 개념의 오개념 유형

유형	사례	비율(%)
결정적 속성에 대한 오해	• 한류는 북에서 남으로, 난류는 남에서 북으로 흐르는 물이다 • 점심에 데워지면 난류이고, 저녁에 식으면 한류이다 • 바닷물이 차가운 것을 난류라고 한다 • 한류와 난류의 온도는 정해져 있다	77.8
개념의 미형성	• 해류는 바닷물의 종류가 아닌 것 같다	11.1
직관적 사고 수준의 이해	• 뉴스에서 봐서	11.1

을 들 수 있다. 대표적인 사례로는 '한류는 북에서 남으로, 난류는 남에서 북으로 흐르는 물이다', '점심에 데워지면 난류이고, 저녁에 식으면 한류이다', '바닷물이 차가운 것을 난류라고 한다', 그리고 '한류와 난류의 온도는 정해져 있다'가 있다. 이들은 한류와 난류를 온도 차에 의한 상대적인 개념임을 오해하는 데서 비롯된 오개념들이라고 볼 수 있다. 이 사례들은 각각 한류와 난류를 해류의 방향성, 성인, 분류와 고정성을 중심으로 오해하고 있다. 다음으로는 '뉴스에서 봐서'와 같은 직관적 사고의 수준과 '해류는 바닷물의 종류가 아닌 것 같다'와 같은 개념의 미형성 수준을 들 수 있다.

이를 통해서 볼 때, 학생들은 두 개념을 온도의 차라는 결정적 속성을 중심으로 이해하지 못함으로써 많은 오개념이 형성되고 있으며 한류와 난류의 발생원인과 그 분류 등에 대한 이해의 부족으로 오개념이 확대되고 있음을 알 수 있다.

어린이의 지리학

3. 분석 결과에 관한 논의

여기서는 앞의 지리 개념의 오답률과 오개념의 유형에 관한 분석 결과를 토대로 초등학생들의 지리 오개념에 대한 논의를 전개하고자 한다.

먼저 지리 개념의 오답률을 살펴보면, 전체적으로 선택형의 경우 52.7%, 그리고 서술형의 경우 66.2%로 나타났다(표 5-12 참조). 연구 대상 중에서 절반 이상이 지리 오개념을 지니고 있음을 보여 준다. 또한 지리 오개념률은 선택형보다는 서술형에서 높게 나타났다. 이는 서술형 문항이 자신의 생각을 보다 정확하게 기술하도록 요구하는 데 기인한 것으로 보인다. 따라서 학생들의 오개념 유형을 살펴보는 데는 정확한 기술을 요구하는 서술형이 더욱 좋은 방법으로 생각된다.

지리 오개념률을 영역별로 살펴보면, 선택형의 경우는 지도, 해양, 기후, 그리고 지형 영역 순으로 높게 나타났다(그림 5-1 참조). 선택형 문항이 3개의 선택지를 가진 문항임을 감안하면, 모두 평균 오개념률 33.3%를 넘어서고 있다. 특히 지도 영역은 평균 확률의 2배나 되는 오개념률을 나타냈다. 서술형의 경우는 지리 오개념률이 지형, 지도, 해양, 그리고 기후 영역 순으로 높게 나타났다. 지도와 지형 영역은 80%가 넘는 오개념률을 보였다. 반면에 기후 영역은 선택형과 서술형의 차이가 거의 없이 나타났다. 선택형과 서술형을 종합해 보면, 지도, 지형, 해양과 기후 영역 순으로 오개념률이 높게 나타났다. 이런 결과는 상대적으로 조작적 정의를 많이 요하는 지도와 지형 영역에서 오개념률이 높게 나타나고, 기후 영역의 개념은 일상생활이나 대중매체 등에서 많이 회자되고 있어서 개념의 의미를 보다 쉽게 받아들임으로써 오개념률이 상대적으로 낮게 나타난 것으로 보인다.

다음으로는 지리 오개념 유형을 살펴보고자 한다. 영역별로 지리 오개

표 5-12. 지리 개념의 오개념률

영역	개념	선택형	서술형	평균
지도	등고선	48.0	74.4	61.2
	대축척 지도	85.7	91.3	88.5
	평균	66.9	82.9	74.9
기후	기후	35.7	58.7	47.2
	강우량	35.7	25.9	30.8
	집중 호우	58.2	55.2	56.7
	태풍	61.2	50.0	55.6
	평균	47.7	47.5	47.6
지형	반도	44.9	77.8	61.4
	사막	68.4	100.0	84.2
	산사태	24.5	73.5	49.0
	평균	45.9	83.8	64.8
해양	해류	58.2	61.1	59.7
	한류, 난류	59.2	60.0	59.6
	평균	58.7	60.6	59.7
전체 평균		52.7	66.2	59.5

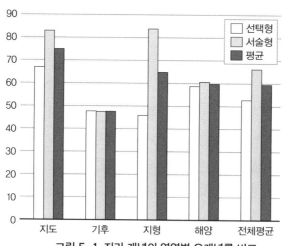

그림 5-1. 지리 개념의 영역별 오개념률 비교

어린이의 지리학

념을 분석한 결과들을 종합해 보면, 지리 오개념은 크게 5가지의 유형으로 나타나고 있다(표 5-13 참조). 지리 오개념의 유형은 속성에 대한 오해(48.6%), 조작적 사고의 미발달로 인한 오해(25.2%), 자의적 해석에 의한 오해(5.5%), 개념의 계층성에 대한 오해(8.3%)와 지식의 오류에 의한 오해(2.4%) 유형 순(그림 5-2 참조)으로 나타났다.

지리 오개념 유형 중 가장 높은 비중을 차지한 것은 지리 개념의 속성에 대한 오해이다. 지리 오개념의 주요 발생 원인은 지리 개념의 속성에 대한 정확한 이해가 부족한 것이라고 볼 수 있다. 즉, 지리 개념의 속성에 대한 오해는 지리 개념 이해의 핵심적 요소인 결정적 속성과 비결정적 속성에 대한 오해로부터 기인하고 있음을 알 수 있다. 이는 속성 자체에 대한 이해의 부족과 비결정적 속성을 결정적 속성으로 오해하는 데서 주로 발생한 것으로 생각된다. 또한 지리 개념의 속성에 대한 오해 유형은 지리 개념의 계층성에 대한 오해 유형과 밀접한 관련이 있을 수 있다. 지리 개념의 속성에 대한 이해 부족은 개념의 계층성을 이해하지 못하는 주요 원인이 될 수 있다. 속성에 대한 이해 부족은 상위, 동위와 하위 개념으로 구성된 지리 개념의 계층구조, 즉 포섭관계를 이해하지 못하게 할 수 있다.

지리 오개념이 발생하는 두 번째 유형은 조작적 사고의 미발달로 인한 오해 유형이다. 이 유형의 하위 유형으로는 직관적 사고 수준의 이해, 개념의 미형성과 유년적 사고 수준을 들 수 있다. 이 중에서 학생들이 조작적 사고를 할 수 있는 지적 성숙이 덜 발달하여 지리 오개념이 많이 발생하고 있다. 이 유형은 연구 대상의 표집 지역이나 표집 대상에 따라서 그 정도가 많은 차이를 보일 수 있을 것으로 보인다. 그러나 본 분석 결과를 토대로 보면, 초등학생들의 상당수가 학생 자신의 직접적인 경험을 중심으로 지리 개념을 이해하려고 하고 있음과, 개념이 사회 구성원 간의 약속 기호임에 대한 이해

표 5-13. 지리 오개념 유형

유형	하위 유형	비율(%)	
속성에 대한 오해	결정적 속성에 대한 오해	23.9	48.6
	결정적 속성에 대한 부분적 오해	9.3	
	비결정적 속성에 대한 오해	12.9	
	속성 자체에 대한 오해	2.5	
개념의 계층성에 대한 오해	개념의 계층성에 대한 오해	8.3	8.3
자의적 해석에 의한 오해	직관적 사고 수준의 오해	13.2	15.5
	일상용어와의 비구별로 인한 오해	2.3	
조작적 사고의 미발달로 인한 오해	직관적 사고 수준의 오해	13.7	25.2
	개념의 미형성으로 인한 오해	10.1	
	유년적 사고 수준의 오해	1.4	
지식의 오류로 인한 오해	선행 지식의 오류로 인한 오해	1.5	2.4
	인접 개념과의 혼동으로 인한 오해	0.9	
합계		100	100

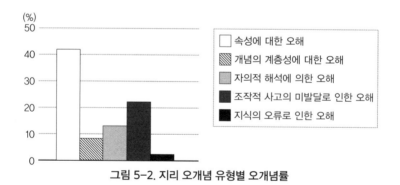

그림 5-2. 지리 오개념 유형별 오개념률

가 부족함을 알 수 있다. 이런 조작적 사고의 미발달로 인한 지리 개념의 오해는 자연지리 개념을 대상으로 한 사회과 지리 수업 활동이 보다 적극적으로 이루어지지 않은데서 비롯되고 있다고 본다. 즉, 우리가 일상적으로 사용하고 있는 자연지리 개념들을 보다 적확하게 이해할 수 있는 기회가 부족하여 다소 막연하게 그 의미를 이해하고서 사용하는 것에서 비롯되었다는 것이다. 그리고 학생들의 지리 개념에 대한 조작적 사고의 수준에 이르지 못함은 지리 개념의 속성에 대한 이해를 부족하게 하고 더 나아가 보다 복잡한 개념의 계층성을 인식할 수 없게 만들 수 있다.

다음으로는 자의적 해석에 의한 오해 유형을 들 수 있다. 지리 개념에 대한 자의적 해석은 학생들이 지리 개념을 임의적으로 문자적인 해석을 하고 일상 생활용어와 지리 개념을 구별하여 사용하지 못함으로써 발생한다. 자의적 해석은 학생들이 한자어로 형성된 지리 개념을 자신들이 제한적으로 알고 있는 한자어의 뜻을 동원하여 무리하게 해석하는 데에 그 주된 원인이 있다. 이는 학생 수준을 고려하지 않고서 자연지리 개념을 지나치게 한자어, 특히 일본식 한자어로 축약하여 명명하는 데서 비롯되고 있다. 그래서 초등학생의 수준에 알맞게 지리 개념을 이름 붙이는 것이 필요하다고 볼 수 있다. 이럴 경우, 학생들의 지리 오개념이 확대 재생산되는 것을 줄일 수 있을 것이다.

마지막으로 지식의 오류로 인한 오해 유형을 들 수 있는데, 잘못된 선행지식과 인접 개념과의 혼동으로 인하여 지리 오개념을 낳고 있다. 이는 지리 오개념의 유형에서 매우 낮은 비중을 차지하였으나, 모든 지리 오개념 유형들이 나타나는 데 직·간접적으로 영향을 미칠 수도 있다.

지리 개념의 영역별로 오개념의 유형을 살펴보면, 모든 영역에서 속성에 대한 오해가 가장 높은 비중을 차지하였다(그림 5-3 참조). 이는 지리 개념이 많은 조작적 정의를 요하는 개념이기 때문에 결정적 속성에 대한 인식 여부가 지리 개념의 이해에 있어서 중요한 척도가 됨을 의미한다.

이를 영역별로 살펴보면, 지도 영역에서는 속성에 대한 오해와 자의적 해석에 의한 오해 비중이 높게 나타났다. 이는 지도 개념이 조작적 정의를 많

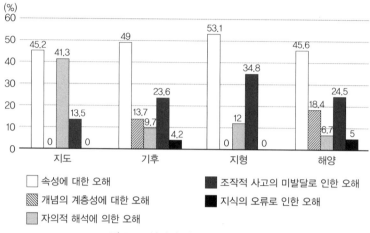

그림 5-3. 영역별 지리 오개념의 유형

이 필요로 하고, 대축척 지도 개념에서 '대'가 주는 언어적 의미가 학생들의 자의적 해석을 많이 낳고 있음을 보여 준다. 기후 영역에서는 속성에 대한 오해와 함께 조작적 사고의 미발달로 인한 오해가 높게 나타났다. 이는 주로 기후를 날씨 현상으로 보고서 이에 대한 일상적 경험을 토대로 이해하려는 시도에서 기인한 것으로 생각된다. 그리고 기후 영역 개념의 계층성에 대한 오해가 높게 나타났는데, 이는 강수량, 강우량과 강설량의 계층구조를 이해하지 못한 것이 큰 영향을 주었을 것으로 생각된다. 다음으로 지형 영역에서는 속성에 대한 오해와 함께 조작적 사고의 미발달로 인한 오해 유형이 높게 나타났다. 이는 조작적 정의가 상대적으로 많은 지형 개념에 대한 결정적 속성을 이해하지 못하고, 지형 현상을 직관적으로 바라봄으로써 나타난 결과로 생각된다. 지형 영역이 다른 영역에 비해서 보다 높게 속성에 대한 오해 비율이 높게 나타남은 지형 영역의 개념이 상대적으로 조작적 정의를 많이 필요로 해서 이에 대한 속성을 잘 알지 못하는 경우 높은 오개념을 낳을 수 있음을 말해 준다. 특히 지형 영역에서 조작적 사고의 미발달로 인한 유형이 높게 나타난 것은 학생들이 지형 현상과 지형 개념을 구분하지 못하는 데서 기인한 것으로 보인다. 즉, 반도, 섬, 평야, 분지, 사막, 산사태, 하천 등의 지형 개념을 'TV에서 보았다', '내가 직접 보았다'와 같이 시각적으로 인식하려 드는 데서 그 원인을 찾을 수 있을 것이다. 이 점은 학생들이 시각적 현상으로 바라보거나 경험한 지형 현상을 결정적 속성과 비결정적 속성을 중심으로 개념화하지 못하는 데서 나타난 결과라고 생각된다. 마지막으로 해양 영역에서는 속성에 대한 오해와 함께, 조작적 사고의 미발달과 개념의 계층성에 대한 오해가 높게 나타났다. 조작적 사고의 미발달은 직관적 사고로 인하여, 그리고 계층성에 대한 오해는 해류, 난류와 한류 간의 계층구조를 이해하지 못한 데서 기인하고 있다.

또한 지리 오개념의 유형들은 학생들이 지리 오개념을 낳는데 각각 개별적인 오개념 인자로서 영향을 줄 뿐만 아니라, 이들은 서로 순환적 과정을 통하여 지리 오개념의 형성에 영향을 줄 수 있다(그림 5-4 참조). 즉 지리 오개념에 대한 학생들의 조작적 사고의 미발달은 개념의 속성에 대한 오해를, 개념의 속성에 대한 오해는 개념의 계층성에 대한 오해를, 개념의 계층성에 대한 오해는 자의적 해석으로 인한 오해를 낳음으로써 지리 오개념이 유지·심화되거나 또 다른 지리 오개념을 형성하게 만든다. 그리고 이 학생들이 기존에 지니고 있던 선행 지식의 오류는 모든 지리 오개념 유형과 과정 중에 개입하여 오개념 형성에 영향을 미치거나 가속화시키는 결과를 낳을 수 있다.

이와 같은 결과는 사회과 지리수업의 방향성에 대해서 시사하는 바가 크다고 본다. 즉, 지리 개념을 가르칠 경우에는 결정적 속성을 중심으로 보다 정확한 조작적 정의를 강조해서 가르칠 필요가 있음을 말해 주고 있다. 그리고 초등학교 사회과 지리수업 시간에 많은 시각 자료를 사용하지만, 시각 자

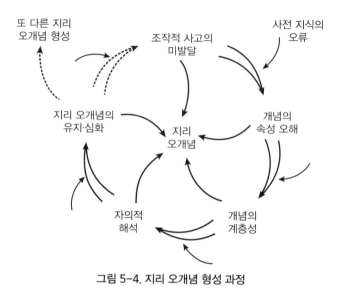

또 다른 지리
오개념 형성

조작적 사고의
미발달

사전 지식의
오류

지리 오개념의
유지·심화

지리
오개념

개념의
속성 오해

자의적
해석

개념의
계층성

그림 5-4. 지리 오개념 형성 과정

료를 보여 주는 것이 곧 지리 개념을 이해시키는 것이 아님을 주의할 필요가 있다. 그래서 학생들에게 직관적 경험을 제공하는 자료를 지리수업을 위한 매개체, 즉 수단으로 활용하여 학생들이 시각 자료 안의 지리 현상에서 그 특성을 파악하여 지리 개념을 인식할 수 있도록 가르칠 필요가 있다.

그리고 초등학생들이 자연지리 개념에 대해서 높은 오개념률을 가지고 있는 원인을 보다 거시적 측면에서 살펴보면, 이는 초등학교 사회과 지리 영역의 교육과정과 밀접한 관련이 있다. 과거 교육과정뿐만 아니라, 현행 초등 사회과 교육과정에서도 자연지리에 관한 기초적인 개념이 다루어지지 않고 있다. 이는 학생들이 자연지리에 대한 기초적인 용어나 개념을 접하지 못하게 하는 결과를 가져온다. 이런 문제를 해결하기 위해서는 초등 사회과 교육과정에서 자연지리의 기초 개념을 어떻게 다룰 것인가에 대한 논의를 할 필요가 있다. 또한 자연지리의 기초적인 개념이 소개되지 않은 초등 사회과 교육과정은 초등 교사들에게도 많은 영향을 미쳐서 그들이 자연지리 개념에 대해서 관심을 적게 가지게 만든다. 이는 다시 초등 교사들이 사회수업 시간에 지리 개념을 조작적으로 정의해 주지 못하는 결과를 가져오고, 학생들에게 또 다른 지리 오개념을 낳게 하는 원인을 제공할 수도 있다.

4. 결론

이 장에서는 초등학생들을 대상으로 지리 개념에 관한 오개념률과 오개념의 유형을 분석하고, 그 결과에 대해서 논의를 하였다.

초등학생들은 지리 개념에 대해서 전반적으로 높은 오개념률을 지니고 있었다. 지리 오개념률은 지도, 지형, 해양과 기후 영역 순으로 높게 나타났으며, 이는 상대적으로 조작적 정의를 많이 요하는 지도와 지형 영역에서 오개념률이 높게 나타나고 있음을 말해 준다. 그러나 기후 영역의 개념은 일상생활이나 대중 매체 등에서 많이 회자되고 있기 때문에 개념의 의미를 보다 쉽게 받아들임으로써 오개념률이 상대적으로 낮게 나타난 것으로 보인다.

지리 오개념을 일으키는 원인을 유형별로 보면, 속성에 대한 오해, 조작적 사고의 미발달로 인한 오해, 자의적 해석에 의한 오해, 개념의 계층성에 대한 오해와 지식의 오류에 의한 오해 유형 순으로 나타났다. 이 중에서 지리 오개념을 일으킨 주요 유형은 속성에 대한 오해와 조작적 사고의 미발달로 인한 오해이다. 이는 지리 오개념의 주요 발생 원인이 개념의 속성, 즉 결정적 속성과 비결정적 속성에 대한 오해와 학생들의 지리 개념에 대한 조작적 사고 능력의 저하에서 기인하고 있음을 말해 준다. 그리고 지리 오개념을 일으키는 이 유형들은 학생들이 지리 오개념을 낳는 데 각각 개별적인 인자로서 영향을 줄 뿐만 아니라, 이들은 서로 순환적 과정을 통하여 오개념의 형성에 영향을 줄 수 있음을 보여 준다.

　이런 결과들은 교사들이 사회과 지리수업에서 지리 오개념을 줄이기 위해서는 결정적 속성을 중심으로 보다 정확한 조작적 정의를 강조해서 학생들을 가르칠 필요가 있음을 말해 주고 있다. 그리고 이 점은 초등 사회과 교육과정에서 자연지리의 기초 개념을 보다 조직적으로 도입, 구성할 필요가 있음을 보여 주고 있다.

제6장

–

어린이의 하천 개념 발달

–

1. 서론

강은 우리 생활과 밀접한 관련이 있는 자연 현상이다. 우리는 일상생활 속에서 강을 경험한다. 강을 매개로 각종 경험을 하고, 강을 경관으로서 조망을 하는 대상으로 여기기도 한다. 강은 보이는 곳에서, 그리고 보이지 않는 곳에서 우리의 생활에 영향을 미치고 있다. 하지만 강을 경험하거나 느끼는 정도는 사람마다 다를 수 있다. 특히 성장기에 있는 학생들은 그 발달 정도에 따라서 강에 대한 인식이 달라질 수 있다.

우리는 강을 하천(河川)이라고도 부른다. 하천은 하(河)와 천(川)이 결합해서 만들어진 단어이다. 일반적으로 하(河)는 큰 강이고, 천(川)은 작은 강이며, 우리나라에서는 큰 강을 강(江), 작은 강을 천(川) 또는 수(水)로 나타내고(마문길, 1993: 869) 있다. '하'의 대표적인 사례로는 황하(黃河)가 있다. 하는 우리나라에서 강(江)으로 표현되고 있는데, 한강, 만경강 등이 그것이다. 그리고 '천'의 대표적 사례로는 만경강의 지류인 전주천, 삼천, 소양천 등이 있다. 강의 사전적 정의는 '넓고 길게 흐르는 큰 물줄기'이다. 이를 지리학 전문 사전의 정의로 보면, 육지표면(陸地表面)에서 대체로 일정한 유로(流路)를 가지는 유수(流水)의 계통이다(마문길, 1993: 869). 그래서 강을 일정한 흐름을 가진 물줄기로 정의할 수 있다.

강의 인식에 관해서는 기초적인 연구가 이루어지지 않고 있기에 이에 대한 연구는 매우 필요하다고 볼 수 있다. 그래서 이 장에서는 초등학생들의 강의 개념에 대한 인식과 그 특성을 살펴보고자 한다.

이 장에서는 초등학생들을 대상으로 강에 대한 인식을 살펴보았다. 전주시 J초등학교의 2, 4, 6학년 학생들을 대상으로 실시하였다(표 6-1 참조). 연구 대상은 총 82명이며, 남학생이 43명, 그리고 여학생이 39명이다.

강의 개념에 대한 조사는 설문지 방법을 사용하여 시행하였다. 설문 내용은 '강에 대한 경험', '강의 개념', '강의 형태'와 '강의 형성과정'을 중심으로 구성하였다(표 6-2 참조). 설문지는 대상 학생들의 교실에서 4개의 질문으로 구성된 설문지를 제시하고, 학생들이 이에 대해서 답을 하는 방식을 취하였다. 본 설문은 초등학생들의 수준에 맞추어 이해하기 쉬운 문장으로 구성하였다. 설문 내용에 대해서 이해를 못하는 경우에는 학생들에게 보충 설명

표 6-1. 연구 대상

학년 \ 학생	학생 수	남학생	여학생
2학년	29명	15명	14명
4학년	28명	16명	12명
6학년	25명	12명	13명
합계	82명	43명	39명

표 6-2. 설문지의 내용

번호	설문 내용
1	강을 본 경험이 있는가?
2	강을 어디서 보았는가?
3	강이 무엇이라고 생각하는가?
4	강의 모습을 그림으로 그려 보자. 강을 생각하면 떠오르는 것을 그려 보자.
5	강은 어떻게 만들어졌을까?

을 해 주었다. 그리고 설문 내용은 기술 통계를 중심으로 분석하였다.

2. 어린이의 강에 대한 인식

1) 강에 대한 경험의 인식

강에 대한 경험의 인식 분석은 '강을 본 경험이 있는가'라는 물음으로 알아보았다. 이것은 학생들이 강에 대하여 구체적으로 어떻게 경험하는가를 살펴보기 위함이다. 그 결과, 강에 대한 경험이 학년에 따라 82.8%, 89.3%와 100%로 나타났다(표 6-3, 그림 6-1 참조). 이것은 학년이 높아감에 따라서 강에 대한 구체적인 경험이 증가하고 있음을 보여 주고 있다. 그러나 2학년과 4학년 학생들 중에서 각각 17.2%와 10.7%가 강을 경험하지 않았다고 답하였다. 이것은 강에 대한 구체적인 경험을 하지 못하는 학생들이 저학년과 중학년에서 무시할 수 없을 정도의 비율을 차지하고 있음을 의미한다.

다음으로 학생들이 강을 경험하였을 경우, 이를 경험한 장소에 대해서 살펴보았다. 강을 생활 장소를 떠나서 이동하는 중이거나 이동을 해서 경험한

표 6-3. 강에 대한 경험

(단위: %)

학년 \ 경험 유무	있다	없다
2학년	82.8	17.2
4학년	89.3	10.7
6학년	100.0	0.0
평균	90.7	9.3

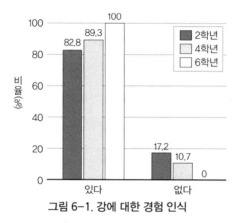

그림 6-1. 강에 대한 경험 인식

비율이 52.4%로 나타났다. 그리고 전주시의 생활하천인 전주천에서 강을 경험한 비율은 40.8%로 나타났다(그림 6-2 참조). 이를 통해서 볼 때 타지나 생활 장소에서 강을 인식하는 비율이 대부분인 것으로 나타났다.

또한 강을 경험한 장소를 학년별로 보면 2학년은 생활 주변 장소에서 강을 경험한 비율(62.5%)이 월등히 높게 나타났다. 반면 4학년은 여행지가 80%로 가장 높게 나타났다. 그리고 6학년에서는 생활 주변 장소와 여행지가 고르게 나타났다. 이런 결과는 초등학생들의 장소 경험의 확대를 반영하고 있음을 보여 준다. 저학년은 주로 생활 주변 장소에서 강을 인식하고 있는 반면, 중학년은 생활 장소를 벗어난 장소의 경험이 급격히 증가하는데,

어린이의 지리학

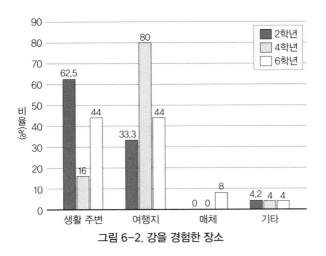

그림 6-2. 강을 경험한 장소

이는 경험의 확대가 큰 영향을 준 것으로 판단된다. 즉, 생활 주변에서부터 여행을 통한 타 지역으로 강에 대한 경험의 폭이 확장되고 있는 것이다. 특히 먼 곳으로의 현장학습은 강을 시각적 혹은 체험적으로 인식하는 데 큰 영향을 준 것으로 보인다. 이것은 학생들이 현장학습을 다녀온 '부안'이라는 답을 많이 한 것에서도 알 수 있다.

　다음으로 학생들이 구체적으로 강을 경험한 장소를 보면, 2학년 학생들이 강을 경험한 장소로는 '전주천', '다리 밑', '천변', '우리 집 뒷마당', '전주 남부시장 옆' 등이 있다. 그리고 여행지로는 '시골 할머니 집 옆에서', '서울', '아빠랑 엄마랑 여행 갈 때', '소풍 갈 때', '부산' 등이 있다. 4학년 학생들은 생활 장소로 '다리를 건너면서 보았다', '전주천', '모악산' 등이, 그리고 여행지로는 '놀러 가다가 봤다', '시골 가다가', '서울에서', '부안 가는 곳', '부안', '익산에서', '아빠와 놀러 가는 길에 강을 봤다', '지리산에서 가족호텔을 중심으로 쭉 내려가면 있다', '한강-서울', '진안에서', '서울 한강대교 위에서', '할머니 댁에 갈 때' 등이 있다. 6학년 학생들은 생활 장소로 '가다가', '전주천', '다리 밑에서', '학교 앞에서', '전주에서', '학교에 오다가' 등이 있고, 여행지로는 '친척집에서', '서울에서', '할아버지 댁에서', '등산하면서', '한강', '놀러 가다가', '물놀이 가서', '김제 할머니 댁 근처에서' 등이 있고, 매체로는 'TV에서' 가 있다.

2) 강의 개념에 대한 인식

초등학생들이 강을 무엇이라고 인식하는지 살펴보았다. 강은 일정한 흐름을 가진 물줄기이다. 이 정의를 바탕으로 보면, 강은 '물줄기'라는 대상과 '흐른다'라는 유동성의 속성을 지니고 있다. 또한 강과 관련되어 자주 사용하는 개념은 하도(河道)이다. 하도는 유수의 통로이다. 즉, 흐르는 물을 담아내는 길이다. 여기에는 공간의 의미를 담은 장소성이 있다.

이런 의미를 지니고 있는 강에 대한 개념을 살펴보았다(그림 6-3 참조). 그 결과, 2학년 학생들의 12.0%가 대상과 유동성을 중심으로 강의 개념을 인식하였다. 그 사례로는 '시냇물들이 모여들어서 강을 이룬다', '바다까지 흐르는 물', '물이 옆으로 흘러가는 조그만 바다 같은 것' 등이 있다. 이것은 강의 속성을 중심으로 정확하게 강을 이해한 경우로 볼 수 있다. 다음으로 강을 장소성, 유동성과 대상으로 인식한 경우는 20.0%로 나타났다. 이 정의는 학생들이 강을 '곳'이라는 장소성, '물'이라는 대상과 '흐르는, 흘러가는, 내려가는' 등의 유동성을 중심으로 정의하고 있음을 볼 수 있다. 이것은 강과 하도를 혼동하는 데서 연유하고 있다. 이의 대표적인 사례로는 '시냇물이 흘러가는 곳', '물이 흐르는 곳', '물이 흘러가는 곳', '물이 내려가는 곳' 등이다. 다음으로 강을 대상으로만 인식한 것은 28.0%로 나타났다. 그 사례로는 '물이 많이 있는 것', '물이 많이 모인 것(바다보단 조금)', '시냇물보다 큰 물',

어린이의 지리학

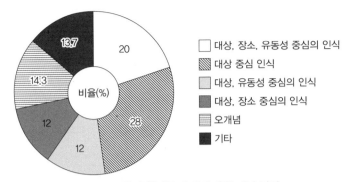

그림 6-3. 2학년 학생들의 강에 대한 개념 인식

'전주천 같은 물', '물이 있는 것', '조금 깊은 물', '물' 등이 있다. 다음으로 강을 '물고기가 사는 곳', '물이 많이 있는 곳', '물이 있는 곳'과 같이 대상과 장소성을 중심으로 인식한 경우는 12.0%로 나타났고, '바다', '바다(시냇물)'과 같이 강에 대한 오개념은 14.3%로 나타났다. 그리고 강에 대한 개념이 성립되지 않은 사례로는 '강은 전주천에 있는 게 강이라고 합니다', '물가', '흐르는 강'이 있다.

4학년 학생들의 경우, 21.4%가 대상, 장소와 유동성을 중심으로 강의 개념을 인식하였다(그림 6-4 참조). 그 사례로는 '물이 흐르는 곳', '산으로부터 흘러 흘러서 물이 모인 곳', '많은 물이 모여서 생긴 곳', '시냇물이 모여서 만들어진 것', '흐르는 물이 있는 곳', '물이 담기고 시냇물이 흐르는 곳' 등이 있다. 이 경우는 강과 하도를 혼동하는 비율이 높음을 말해 준다. 반면에, 강을 대상과 장소로 인식하는 학생은 25.0%로 나타났다. 그 사례로는 '물이 많이 있는 곳', '넓고 물이 많은 곳', '물이 많이 모여 있는 곳', '물이 모인 곳', '물이 많이 고여 모인 곳', '물이 모여서 있는 곳', '땅에 물이 모여서 많은 물이 생겨 나타나는 것' 등이다. 그리고 강을 '흐르는 물', '흘러가는 것'과 같이 대상과 유동성에 초점을 맞춘 인식(7.1%)은 매우 낮게 나타났다.

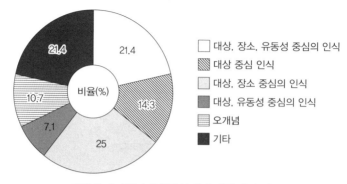

□ 대상. 장소. 유동성 중심의 인식
▨ 대상 중심 인식
▦ 대상. 장소 중심의 인식
▨ 대상. 유동성 중심의 인식
▤ 오개념
■ 기타

그림 6-4. 4학년 학생들의 강에 대한 개념 인식

다음으로 강을 정의하기보다는 바다나 계곡, 크기, 위치 등을 기준으로 하여 비교 개념으로 인식하는 오개념(14.3%)도 나타났다. 예를 들어, '바다보단 작지만 시냇물보단 큰 곳', '바다보다 작고 계곡보다 큰 것', '바다보다 물이 얕다', '바다로 가기 전의 곳' 등이 있다. 그리고 강에서의 경험을 강의 개념으로 동치시키는 인식도 나타났다. 예를 들어, '돌도 있고 물도 있는 곳, 사람들이 놀 수 있는 곳', '사람의 마음을 훔쳐 가는 것', '사람들이 많이 놀 수도 있고 쉴 수도 있는 곳', '산이나 꽃이 많은 곳을 강이라고 하는 것 같다' 등이 있다. 이런 현상은 학생들이 강에 대한 경험과 학습이 늘면서 강의 개념을 은유적으로 표현하는 데 중심을 두었기에 나타난 결과로 판단된다. 또한 물이라는 대상을 중심으로 강을 인식하는 사례(7.1%)도 나타났는데, 그 사례로는 '동물들이 물 먹는 데와 물고기들이 사는 곳', '물고기가 사는 곳'이 있다. 이것은 학생들이 강에 대해서 유년적 사고 수준으로 지니고 있는 데서 비롯된 것으로 보인다. 반면 오류를 나타내는 인식도 10.7% 존재하였는데, '자연으로 생겨 바다, 계곡보다 깊은 곳이라고 생각한다', '강은 강이다', '바다'가 그것이다.

6학년 학생들의 인식을 살펴보면, 대상, 유동성과 장소성을 가진 '물이

어린이의 지리학

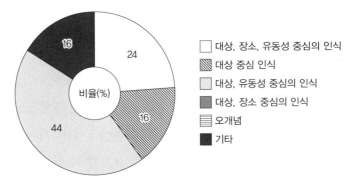

대상, 장소, 유동성 중심의 인식

대상 중심 인식

대상, 유동성 중심의 인식

대상, 장소 중심의 인식

오개념

기타

그림 6-5. 6학년 학생들의 강에 대한 개념 인식

흐르는 곳'이라는 인식은 24.0%로 나타났다(그림 6-5 참조). 다음으로 강의 개념을 대상과 유동성을 중심으로 인식한 경우는 44.0%로 나타났다. 그 사례로는 '물이 흐르는 것', '물이 흐르는', '비교적 바다만큼 깊고 않고 물이 흐르는 것', '흐르는 물', '흘러가는 물…흘러가기에 살아 있는 물' 등이 있다. 그리고 물이라는 대상만을 중심으로 인식한 비율은 16.0%이고, 그 사례로는 '물', '물이 깨끗한 곳', '물, 시원한 곳' 등이 있다. 그리고 기타의 경우는 16.0%로 나타났고, 그 사례로는 '넓고 평화로운 곳', '다양한 생물이 사는 곳', '우리들에게 도움을 주는 것'과 '바다 같지도 않고 저수지 같지도 않은 것'이 있다. 이런 인식은 경험을 통한 은유적인 표현으로 보인다.

강의 개념에 대한 인식을 학년별로 살펴보면, 강을 장소, 유동성과 대상을 중심으로 한 인식은 2, 4, 6학년에서 약간씩 증가하고 있음을 보여 주고 있으나, 그 차이는 크게 나타나지 않고 있다. 이 점은 학생들의 강과 하도에 대한 개념상의 혼동이 학년이 증가함에도 크게 개선되지 않고 있음을 말해 준다. 반면에 강에 대한 개념을 대상과 유동성을 중심으로 인식한 비율은 6학년에 44.0%로 크게 신장하였다. 이것은 6학년이 되어서 의미 있는 강의 개념이 신장함을 보여 주고 있다. 그래서 강에 대한 속성을 보다 정확하게 인식할 수 있도록 개념학습이 요구되고 있음을 알 수 있다. 그리고 강에 대한 오개념은 학년의 증가에 따라서 감소하는 경향을 뚜렷하게 보이고 있다.

이런 결과를 통해서 보면, 강의 개념에 대한 인식은 6학년에 크게 신장함을 알 수 있고, 학년이 증가함에 따라서 오개념이 감소하는 경향을 보임을 알 수 있다. 그러나 여전히 학년에 상관없이 강의 속성을 정확하게 파악하지 못한 채로 강을 인식하고 있음을 보여 주고 있다. 초등학생들의 절반 이상이 강에 대해서 정확한 개념 정립이 되어 있지 않은 것이다.

3) 강의 형태에 대한 인식

강의 형태는 초등학생들에게 강의 모습을 그려 보도록 하여 알아보았다. 그리고 강과 연관된 요소를 그려 보도록 하였다. 강의 형태는 강을 상자 모양으로 그린 사각형(그림 6-6), 강의 곡류를 표현한 곡선형(그림 6-7), 강을 정면으로 보고 있는 단면을 중심으로 그린 물결형(그림 6-8), 강을 폐곡선으로 그린 어항형(그림 6-9), 그리고 강을 곧게 그린 직선형(그림 6-10)으로 분류하였다.

이 기준으로 그린 강의 형태를 살펴보면, 강의 형태를 곡선형으로 인식하는 비율이 높게 나타나고 있다(그림 6-11, 표 6-4 참조). 그래서 6학년에서는 하천의 곡선형 인식이 50%까지 이르고 있다. 또한 하천의 형태를 직선형으로 그린 학생들도 증가하는 현상을 보였다. 이것은 전주천을 중심으로 인식한 학생들이 하천의 직강공사로 직선화된 도시형 하천을 중심으로 인식한 데서 비롯된 것으로 보인다. 그리고 학생들의 60% 이상이 강에서 물고기를 연상하였다(표 6-5 참조). 학생들은 강을 수생생물과 밀접하게 연관시키고 있다.

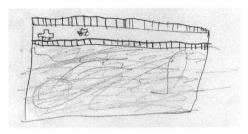

그림 6-6. 사각형 강의 형태

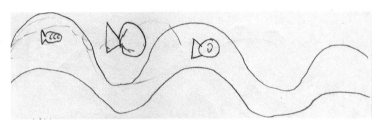

그림 6-7. 곡선형 강의 형태

그림 6-8. 물결형 강의 형태

그림 6-9. 어항형 강의 형태

그림 6-10. 직선형 강의 형태

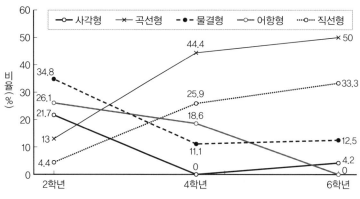

그림 6-11. 학년별 강의 형태에 대한 인식 분석

표 6-4. 학년별 강의 형태에 대한 인식

(단위: %)

강의 형태＼학년	2학년	4학년	6학년	평균
사각형	21.7	0.0	4.2	8.6
곡선형	13.0	44.4	50.0	35.8
물결형	34.8	11.1	12.5	19.5
어항형	26.1	18.6	0.0	14.9
직선형	4.4	25.9	33.3	21.2
합계	100	100	100	100

어린이의 지리학

표 6-5. 강과 관련된 요소 인식 (단위: %)

대상 \ 학년	2학년	4학년	6학년
물고기	66.6	66.6	60.0
새	3.7	0.0	0.0
돌다리	7.4	14.3	20.0
기타	22.3	19.1	20.0
합계	100	100	100

4) 강의 형성에 대한 인식

강의 형성에 대한 인식은 강의 기원, 즉 '강이 어떻게 만들어졌을까' 하는 질문을 통해서 알아보았다. 강의 형성 원인에 대한 인식을 물의 양의 크기를 중심으로 인식하는 수량 기원 인식, 강이 상대적으로 위쪽에서 기원한 것으로 인식하는 상류 기원 인식, 강을 산에서 발원한다는 산지 기원 인식, 강의 근원인 비를 중심으로 인식하는 강수 기원 인식, 그리고 개념 형성이 되지 않은 오개념 수준으로 분류하였다(표 6-6, 그림 6-12 참조).

학생들은 강의 기원에 대해서 수량을 중심으로 가장 높게 인식하였다. 이것은 물의 양이 커지면서 강이 되었다는 기본 인식을 보여 주고 있다. 즉, 강을 물이라는 대상의 크기를 중심으로 강의 기원을 인식하였다. 하지만 학년이 올라가면서 단순히 물의 양 크기로만 인식하는 수준은 급속하게 감소하였다. 다음으로 강의 기원을 강수, 즉 비를 중심으로 인식하는 비율이 높게 나타났다. 학생들의 과학적 지식이 증가함에 따라서 강물의 기원이 비에서 연유하였음을 인식하는 수준임을 의미한다. 따라서 이것은 6학년에서 가장 높게 나타났다.

표 6-6. 강의 기원에 대한 인식

(단위: %)

학년 기원	2학년	4학년	6학년	평균
수량 기원	48.0	34.5	12.0	31.5
상류 기원	8.0	3.4	28.0	13.1
산지 기원	0.0	24.1	8.0	10.7
강수 기원	16.0	3.4	44.0	21.1
오개념	12.0	17.3	8.0	12.4
모름	16.0	17.3	0.0	11.1
합계	100	100	100	100.0

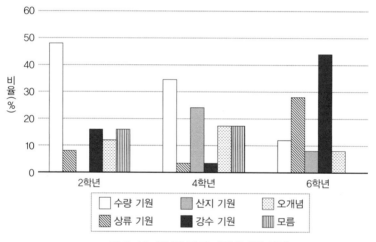

그림 6-12. 학년별 강의 기원에 대한 인식

　다음으로 강의 기원을 상류에서 발생했을 것으로 인식하는 상류 기원 인식이 13.1%로 나타났다. 이 인식은 강이 산지에서 발생하여 하천으로 모여들어 형성되었다는 인식이다. 이것은 산과 강이 서로 연계되어 있음을 알고 있음을 보여 준다. 이 수준은 2학년에서는 나타나지 않고, 4학년에서 가장 높게 나타났다. 아마도 4학년 사회 수업에서 산지 지역을 배운 데서 기인한 것으로 보인다. 반면에 강의 기원에 대한 오개념은 전체 초등학생의 12.4%로 나타났다.

강의 기원에 대한 인식을 학년별로 보면, 2학년은 수량 기원이 48.0%로 가장 높게 나타났다. 즉, 강의 기원을 직관적인 수준에서 인식하고 있음이 가장 높은 것으로 나타났다. 반면에 강수 기원과 상류 기원은 각각 12.0%, 8.0%로 상대적으로 낮게 나타났다. 이에 대한 구체적인 사례를 보면, 먼저 강수 기원은 '시냇물이 모여서', '물이 자꾸 많이 생겨서', '물이 많이 모여서', '빗물이 모여서 시냇물이 되고 시냇물이 모여 강이 된다' 등이 있다. 상류 기원의 사례로는 '조그만 개울가가 점점 커져서', '비로 작은 웅덩이 같은 것(시냇가 → 강 → 바다)가 있고, 강수 기원 사례로는 '비가 온 다음 강에 차서 생긴 것 같습니다', '비가 내려서 비가 많이 내려서 강 구덩이에 물이 많이 차서 강이 된다', '비가 내려서' 등이 있다. 마지막으로 오개념 사례로는 '바다의 물로', '바닷물이 강에 와서'가 있다.

다음으로 4학년은 2학년과 같이 수량 기원이 34.5%로 가장 높게 나타났다. 이 시기의 주요 특징은 산지 기원이 24.1%로 나타나기 시작한 점이다. 구체적인 사례를 보면, 강수 기원은 '작은 물에서부터', '시냇물과 냇물이 모여 만들어 진다', '많은 물이 모여서', '시냇물 같은 게 모여 강이 된다' 등이 있다. 산지 기원의 사례는 '산에서 물이 모여', '땅속에서 물이 나올 것 같다', '산에서 흘러내려온 물이 모여 생긴 것', '산에서 흐르는 물이다' 등이 있고, 강수 기원은 '자연으로 인해서 생긴다'가 있다. 그리고 오개념 사례로는 '시냇물과 바닷물', '바닷물, 냇물, 시냇물 만나서', '동물들이 많이 살고 잡아먹히는 곳', '바다에서 나오는 물이 흐른 것 같다' 등이 있다.

그리고 6학년은 강수 기원이 44.0%로 가장 높게 나타났다. 다음으로 상류 기원이 28.0%로 나타났고, 수량 기원은 12.0%로 낮게 나타났다. 강수 기원의 사례로는 '비가 오면서', '비가 많이 와서', '비가 와서', '비오고 물이 모여서', '비가 계속 내려서', '비 → 강', '비가 많이 내려서 강이 되어' 등이 있다. 다음으로 상류 기원의 사례로는 '상류에서 흘러내리는 것들이 모여서', '상류에서 물이 내려오면서 물이 모이면서 생김', '상류에서 흘러내려 큰 강이 됨', '상류에서 흘러내려 와서' 등이 있다. 그리고 수량 기원은 '물이 흘러서', '물이 조금씩 흐르다가 물길이 바뀌어서 크게 흐르게 된다', 산지 기원은 '땅에서부터 산에서 흐른 물이 흘러 땅으로 가 생기는 것', '산에서 내려오면서 길이 생겨 비가 많이 와서 강이 될 것 같다', 그리고 오개념은 '바다에서 왔다' 등이 있다.

이를 종합해 보면, 2학년은 수량 기원, 4학년은 산지 기원, 그리고 6학년은 강수 기원이 특징적임을 알 수 있다. 이것은 강의 기원에 대한 이해가 직관적 수준인 수량 기원에서 발생 지점 중심의 이해인 산지 기원으로, 다시 강의 근본적인 기원을 과학적으로 이해하는 강수 기원으로 발달함을 보여주고 있다.

3. 결론

이 장에서는 초등학생들의 강에 대한 인식을 살펴보았다. 우리들이 일상적으로 만나는 강에 대해서 학생들이 갖는 경험, 강의 개념, 강의 형태와 기원에 대한 인식을 분석하였다. 그 결과, 연구 대상인 초등학생들의 90% 이상이 강을 경험했다고 응답하였다. 그러나 저학년의 경우 17.2%가 강을 경험하지 못했다는 반응을 보였는데, 이것은 강을 경험하였으나 강으로 인식하지 못한 데서 비롯된 것으로 생각된다. 그리고 생활 장소를 떠나서 이동하는 중이거나 이동을 해서 경험하거나, 생활하천인 전주천에서 강을 경험한 비율이 매우 높게 나타났다.

초등학생들의 강의 개념에 대한 인식을 살펴보면, 장소, 유동성과 대상을 중심으로 한 인식은 2, 4, 6학년에서 약간씩 증가하였으나, 그 차이는 크게 나타나지 않았다. 반면에 강에 대한 오개념은 학년의 증가에 따라서 감소하는 경향을 뚜렷하게 보였다. 이를 통해서 보면, 강의 개념에 대한 인식은 학년에 따라서 오개념이 줄어드는 경향을 보였지만, 강의 속성을 정확하게 파악하지 못한 채로 강의 개념을 인식하고 있음을 알 수 있다.

초등학생은 강의 형태를 상자 모양으로 그린 사각형, 강의 곡류를 표현한 곡선형, 강을 정면으로 보고 있는 단면을 중심으로 그린 물결형, 강을 폐곡선으로 그린 어항형, 그리고 강을 곧게 그린 직선형으로 인식하였다. 먼저, 강의 형태를 곡선형으로 인식하는 비율이 높게 나타났는데, 6학년에서는 곡선형의 인식이 50%에까지 이르렀다. 또한 하천의 형태를 직선형으로 그린 학생들도 증가하는 현상을 보였다. 이것은 학생들이 생활 속에서 직강공사로 직선화된 도시형 하천을 중심으로 인식한 데서 비롯된 것으로 보인다. 반면 하천을 어항형으로 인식한 학생은 2학년이 26.1%, 6학년이 0%로 나타났다. 이것은 학년이 올라가면서 하천을 물을 담은 어항과 같이 인식하는 수준인 유년적 사고가 사라짐을 의미한다. 그리고 어항형과 같이 강을 사각형으로 인식하는 수준도 학년이 높아감에 따라서 급속하게 낮아졌다. 또한 하천을 자신의 시각에서 물결을 형성하는 모습으로 단면도로 인식하는 수준은 2학년에 34.8%에서 고학년으로 갈수록 11.1%와 12.5%로 감소하였다. 이런 어항형, 직선형, 물결형의 유년적 사고 수준은 학년이 올라가면서 급속하게 줄어듦을 볼 수 있다.

그리고 강의 기원에 대한 인식을 살펴보면, 2학년은 수량 기원, 4학년은 산지 기원, 그리고 6학년은 강수 기원이 특징적임을 알 수 있었다. 이것은 강의 기원에 대한 이해가 직관적 수준인 수량 기원에서 발생 지점 중심의 이해인 산지 기원으로, 다시 강의 근본적인 기원을 과학적으로 이해하는 강수 기원으로 발달함을 보여 주고 있다.

　이런 분석 결과를 통해서 볼 때, 초등학생들은 자신의 생활 주변과 여행을 통하여 강을 경험하는 것을 알 수 있다. 이것은 학생들이 어린 시절부터 강과 접할 수 있는 기회를 자주 가질 필요가 있음을 의미한다. 그러나 초등학생들은 강과 하도를 혼동하는 경우도 많아서, 강에 대한 개념을 정확히 설명해 줄 필요가 있다. 또한 강의 형태에 대해서는 눈에 보이는 대로 직관적으로 인식하는 유년적 사고 수준에서 벗어나 강을 곡선으로 인식하는 실재적 수준으로 바라볼 수 있도록 할 필요가 있다. 이를 위해서는 강의 횡단면만을 보여 주는 데서 벗어나 종단면을 보여 주어 강의 형태에 대한 오개념을 줄일 필요가 있다. 마지막으로 강의 기원은 막연하게 물의 양을 중심으로 인식하는 직관적 수준에서 과학적 수준으로 변화함을 알 수 있다. 학생들은 물이 연속되어 있다는 것을 알고는 있으나, 강과 산, 그리고 강과 비와의 연계성을 통해서 체계적으로 이해할 필요가 있다. 이런 강에 대한 이해는 기초적인 지리 수업이나 과학 수업을 하는 데 유용하게 사용될 것이다.

—

제7장

어린이의 영토 이해
– 독도를 중심으로 –

—

1. 서론

영토 교육은 학생들의 국가 정체성을 형성하는 데 큰 영향을 준다. 특히 영토분쟁이 심한 경우 학생들이 국가 정체성을 갖추는 데 있어서 영토 교육의 중요성은 더욱 강조된다. 우리나라에서는 독도에 관한 일본의 영유권 주장이나 일본의 교과서 왜곡 등이 발생할 때 영토, 특히 독도에 대한 국민들의 관심은 더욱 높아진다. 일본이 독도를 정치적으로 이용할 때마다 국민들의 독도에 대한 관심은 크게 높아지는 경향을 보인다. 이런 면에서 볼 때, 독도는 우리 국토에서 다른 장소와 달리 DMZ처럼 위치적 상징성과 장소적 특수성이 매우 강한 국토 공간이고(서태열 외, 2009: 7), 우리나라의 동쪽 영토 끝에 위치하는 특수한 성격을 지닌 만큼, 영토 교육에 있어서 의미가 큰 곳(서태열 외, 2009: 7)이다.

독도의 가치를 독도의 도서적 특성과 관련해서 볼 때, 독도는 경제적 기능

(광물, 어류), 정치적 기능(세력 확장 근거지, 국가 위신 고양지), 전략적 기능(전략적 전진기지, 정박지), 영해 획정 근거지 기능을 가지고 있다(임덕순, 1972: 48-53). 이렇게 중요한 가치를 지닌 독도를 우리의 영토로서 인식하도록 하는 것은 영토 교육이다. 이 교육은 독도에 관한 교육, 독도를 통한 교육, 독도를 위한 교육 등의 차원으로 확대될 수 있다. 그 교육의 모습이 어떻든지 간에 독도는 영토 교육에서 매우 중요한 역할과 기능을 수행한다.

독도를 매개로 한 영토 교육을 실시하는 데 있어서 매우 중요한 대상이자 주체는 학생이다. 특히 영토 교육에 대한 기초가 형성되는 시기인 초등학생들의 태도와 인식은 매우 중요하다. 그러나 독도 교육이나 이를 통한 영토 교육 과정에서 초등학생은 교육 내용의 단순한 접수자이자 소비자로서의 역할 만이 강조되는 경향이 있다. 초등학생의 독도와 영토에 대한 기초적인 인식 수준을 고려하지 않고서 많은 영토 교육이나 독도 교육이 이루어지고 있다. 이 점은 이 분야에 대한 연구가 많이 이루어지고 있지 않음을 잘 보여 준다. 독도 교육을 위한 내용 구성이나 교과서 분석, 실태 조사 등은 상대적으로 많이 이루어지고 있으나, 학습 주체에 대한 독도나 영토 교육에 대한 인식과 그 수준에 대한 실행연구는 잘 이루어지지 않고 있다. 다시 말해서 독도나 영토 교육은 교육부, 시·도교육청, 학교, 교사 등 공급자 중심의 연구와 더불어, 그 수요자이자 주체인 학생들의 기초적인 인식에 대한 연구가 병행되어야 할 것이다. 학생들의 독도나 영토에 대한 기초 연구는 교육 공급자가 교육 콘텐츠를 구성하고 교수학습 활동을 하는 데 있어서 큰 도움을 줄 수 있다.

따라서 이 장에서는 미래의 시민인 초등학생들을 대상으로 우리나라의 영토 교육에서 중요한 위치를 차지하고 있는 독도에 대한 기초 지식과 그 인식을 살펴보고자 한다.

이 장에서는 초등학생의 우리 영토인 독도에 관한 기초 지식과 그 인식 정도를 알아보기 위하여 전북 정읍시 J초등학교 학생들을 대상으로 설문조사를 하였다. 조사 대상 학생들은 2학년, 4학년과 6학년이고, 설문지에 대한 이해 능력이 보다 성장했을 것으로 판단되는 2학년부터 조사 대상으로 하였다. 설문 대상자는 총 114명(남학생 55명, 여학생 59명)이다(표 7-1 참조).

이 장에서는 114명을 대상으로 설문지를 배부하여 학생들에게 설문 문항에 대해서 답하도록 하였다. 학생이 설문에 응하는 동안 담임 교사가 참관을 하였다. 담임 교사는 학생들에게 설문방식에 대한 설명을 주로 하였으며, 설문지 내용에 관한 질문에는 응하지 않았다. 설문지 내용에 대한 응답은 학생들로 하여금 문제 내용을 이해하는 데, 그리고 독도에 대한 인식에 직·간접적인 영향을 줄 수 있기 때문이다. 설문지는 설문을 마친 후에 곧바로 수거하였으며 114명 전원이 설문에 성실히 응하였고, 설문지를 전원 회수하였다. 남학생과 여학생의 비율도 고르게 이루어졌다. 설문지의 분석은 평균과 빈도를 중심으로 한 기술통계를 중심으로 실시하였다.

표 7-1. 연구 대상

(단위: 명)

분류 학년	성별		합계
2학년	남	16	35
	여	19	
4학년	남	21	40
	여	19	
6학년	남	18	39
	여	21	
합계	남	55	114
	여	59	

이 장에서는 독도에 관한 초등학생들의 기초 지식과 인식을 알아보기 위하여 기초 지식 5문항과 기초 인식 7문항으로 설문을 구성하였다. 독도에 관한 기초 지식은 독도의 지리적·역사적 기초를 중심으로, 그리고 독도에 관한 기초 인식은 우리 영토로서의 독도, 독도에 대해서 아는 정도, 일본의 독도 영유권 주장에 대한 인식, 독도의 가치, 독도를 위해서 할 수 있는 일 등을 중심으로 구성하였다(표 7-2 참조).

설문지는 설문 대상자가 초등학생임을 감안하여 설문의 문장이나 내용 수준을 매우 평이하게 구성하였다. 이것은 초등학생들의 설문 이해도를 높여서 독도에 대한 기초 지식과 인식을 가능한 한 제대로 알아보기 위함이다. 독도에 대한 기초 지식은 4지선다형의 객관식 문항으로 구성하였다. 그리고 독도에 관한 기초 인식 설문은 5등간 척도를 기본으로 구성하였으며, 두 문항은 2등간과 3등간 척도를 사용하였다. 그리고 마지막 문항에는 자신이 독도를 위해서 할 수 있는 일을 자유롭게 서술하도록 하는 방식을 취하였다.

표 7-2. 설문 내용

영역	설문 내용	문항 수
기초 지식	1. 독도가 속해 있는 행정구역은 어디인가? 2. 독도가 속해 있는 바다는 어디인가? 3. 지도에서 독도는 어느 섬인가? 4. 신라시대에 독도를 우리 땅으로 삼은 장군은? 5. 독도의 옛날 이름은 무엇인가?	5문항
기초 인식	1. 독도가 우리 땅이라고 생각하는가? 2. 독도에 대해 어느 정도 알고 있다고 생각하는가? 3. 선조들의 독도를 지키려 한 노력을 보면 어떤 생각이 드는가? 4. 일본이 독도를 자기네 땅이라고 하면 어떤 생각이 드는가? 5. 독도는 얼마나 떨어져 있다고 생각하는가? 6. 독도와 주변 바다가 어느 정도 중요하다고 생각하는가? 7. 독도를 위해서 자신이 할 수 있는 일은 무엇인가?	7문항

독도에 관한 연구는 역사학, 정치학, 지리학 및 해양학 등 다양한 영역에서 이루어지고 있다. 역사학에서는 독도에 관한 역사적 지배사와 한일관계사(신용하, 1996; 김진홍, 2006; 김호동, 2011; 김영수, 2009; 홍성덕, 2010)를 중심으로 한 문헌 연구가 이루어지고 있다. 정치학 영역에서는 국제정치 속의 독도 연구(배진수, 2009), 독도 영유권에 대한 국제법적 근거(김홍철, 1997; 나홍주, 2000; 유하영, 2009) 등의 연구가, 지리학에서는 고지도를 통한 독도의 영유권 증명(양보경, 2005; 이기석 2005), 독도의 정치지리적 및 지정학적 연구(임덕순, 1972; 임덕순, 2010) 등을 중심으로 이루어졌다. 그리고 해양학에서는 독도 주변의 해류, 및 배타적 경제수역 기선(김선표 외, 2000; 백인기·심문보, 2006) 등의 연구가 있다.

독도 교육의 연구는 주로 역사 교육, 사회과 교육, 지리 교육 분야에서 이루어졌다. 이 분야에서는 각 교과에서 독도 교육 방향, 독도 관련 국내 교육과정 및 교과서 분석, 일본 교과서 분석, 교과서 개발 등을 중심으로 연구가 시행되었다. 독도 교육의 방향 연구에서는 영토 교육으로서의 독도 교육(김혜숙, 2007; 심정보, 2008; 남호엽, 2011), 독도 교육의 정당성 및 방향성(서태열 외, 2007; 2009) 등이 중심을 이루고 있다. 이 분야의 연구에서는 영토 교육의 논리적 틀을 논의하면서 독도 교육이 주는 의미와 그 중요성을 제시하고 있다. 또한 독도 교육의 현황과 과제 및 평가, 독도 교육의 지향성 등을 중심으로 연구가 이루어지고 있다. 교과서 내용분석 연구로는 일본 교과서의 독도 관련 기술 실태 및 문제점 분석(이강원, 2005; 김관원, 2008; 심정보, 2008; 홍성근, 2009; 박철웅, 2009), 한국의 사회, 지리, 역사 교육과정 및 교과서의 독도관련 내용 분석(송호열, 2011; 심정보, 2009; 2011), 그리고 한일 교과서 비교 연구(최창근, 2008; 이하나·조철기, 2010) 등이 있다. 이 분야의 연구에서는 우리나라 교과서에서 독도 관련 내용 분석과 일본의 교과서

왜곡 문제 및 이에 대한 대응 등을 중심으로 연구가 이루어지고 있다.

이런 연구결과를 토대로 보면, 독도 교육 연구는 영토 교육 차원에서의 독도 교육, 교과서와 교육과정을 중심으로 한 독도 관련 내용 분석 및 비판, 학교 교육과 교양 교육에서의 독도 교육의 방향성에 관한 연구가 주를 이루고 있다. 교육주체 면에서 이를 보면, 독도 교육은 그 시행 주체나 시행 도구를 중심으로 한 교육공급자 중심의 연구가 중심을 이루고 있다. 이것은 상대적으로 독도 교육에서 교육의 소비자이자 또 다른 주체인 학생들에 관한 기초 연구가 시행되지 않고 있음을 보여 주고 있다. 독도 교육이 주로 당위성과 정당성을 중심으로 한 애국주의를 기본적인 토대로 이루어지고 있으나, 교육의 소비자이자 주체인 학생들의 관점에서는 독도 교육을 어떻게 받아들이고 있는지, 독도를 어떻게 인식하고 얼마나 알고 있는가에 대한 연구가 부족함을 알 수 있다. 더욱이 독도 교육의 기초적 토대를 형성할 뿐만 아니라 독도에 관한 인식과 사고에서 중요한 시기인 초등학생을 대상으로 한 연구가 부족하다. 다시 말하여 예비 시민이자 교육 주체인 초등학생들이 가지는 독도의 지식과 인식에 대한 기초 연구가 제대로 행해지지 않고 있다. 따라서 본 연구에서는 초등학생의 독도 교육에 대한 기초조사를 실시하여 현재의 초등학생들이 지니고 있는 독도 교육의 현주소를 알아보고, 독도 교육의 방향성을 제시하고자 한다.

2. 어린이의 독도에 관한 기초 지식

여기에서는 초등학생들의 독도에 관한 기초 지식을 지리적 지식과 역사적 지식을 중심으로 살펴보았다. 독도의 지식은 초등학생 수준에서 가장 상식적인 수준의 문제를 개발하여 제시하였다. 독도에 관한 가장 기초적인 지리적, 역사적 지식을 중심으로 독도에 대한 기초 지식의 정도를 살펴보고자 하였다.

1) 독도의 행정구역

독도가 속한 행정구역에 대한 지식은 학년이 올라가면서 높아지는 경향을 보였다(표 7-3 참조). 그러나 그 정답률이 절반 이하로 나타난 것은 우리 영토에 대한 초등학생들의 기초 지식이 매우 취약함을 보여 주고 있다. 이 점은 초등학교 사회 수업에서 우리나라라는 영토에 대한 전체적인 학습이 부족한 데서 기인한 것으로 보인다. 2학년의 경우에는 전라남도에 속한다는 비율이 가장 높았는데, 이것은 전라남도가 전라북도에 인접하여 상대적으로 인지도가 높았기 때문으로 판단된다. 이 점은 4학년과 6학년에서 전라남도에 대한 응답 비율이 급격하게 줄어든 점에서도 확인할 수 있다.

표 7-3. 독도의 행정구역에 대한 이해

(단위: %)

항목 학년	강원도	경상남도	경상북도	전라남도	합계
2학년	11.4	8.6	25.7	54.3	100
4학년	30.0	22.5	35.0	12.5	100
6학년	25.6	25.6	38.5	10.3	100
평균	22.3	18.9	33.1	25.7	100

2) 독도가 속한 바다

독도가 속한 바다가 동해임을 아는 학생은 약 60%에 이르고 있다(표 7-4

참조). 학년이 올라가면서 동해라는 정답의 비율이 증가함을 볼 수 있다. 2
학년에서 남해라고 응답한 비율이 45.7%에 이르고 있음이 특기할 만하다.
서해에 대한 응답 비율은 전체적으로 15.0%로서 낮게 나타났다. 그러나 서
해, 남해라는 응답이 거의 40%에 이르고 있다는 점은 영토에 대한 기초 지
식이 매우 낮음을 보여 주고 있다. 한반도의 지도 상에서는 각 바다의 위치
를 알고 있을 것으로 보이지만, 독도라는 섬을 중심으로 한 바다의 위치에
대해서 많은 혼동을 하고 있는 것으로 판단된다.

표 7-4. 독도가 속한 바다에 대한 이해

(단위: %)

항목 학년	동해	서해	남해	합계
2학년	37.1	17.2	45.7	100
4학년	65.0	12.5	22.5	100
6학년	76.9	15.4	7.7	100
평균	59.7	15.0	25.3	100

3) 지도 상에서의 독도 위치

초등학생들에게 한반도 지도 위에 4개의 섬, 즉 제주도, 거제도, 울릉도와
독도를 제시하고서 독도의 위치를 찾아보라고 하였다. 그 결과, 지도에서 독
도를 찾은 비율은 약 50%였다(표 7-5 참조). 학년이 올라갈수록 독도의 정
답 비율이 증가함을 볼 수 있다. 다음으로 울릉도를 독도로 오해하는 비율이
약 30%에 이르렀다. 2학년의 경우, 독도의 정답 비율이 28.6%로 나타났으
며, 제주도를 독도로 인식한 비율이 가장 높게 나타난 점이 특기할 만하다.
이는 학생들이 지도 상에서 가장 큰 섬을 독도로 오해하는 데서 비롯된 것으

표 7-5. 지도 상에서의 독도 위치 이해

(단위: %)

항목 학년	제주도	거제도	울릉도	독도	합계
2학년	37.1	11.4	22.9	28.6	100
4학년	2.5	2.5	45.0	50.0	100
6학년	2.6	2.6	23.1	71.7	100
평균	14.1	5.5	30.3	50.1	100

로 판단된다. 이러한 결과는 영토의 기초적인 위치 교육이 필요함을 보여 주고 있다. 특히 저학년의 위치 교육이 요구된다. 그러나 학년과 상관없이 독도와 울릉도의 위치를 혼동하는 비율이 적지 않게 나타나고 있다. 독도와 울릉도의 위치를 막연하게 지도 상에서 확인하는 절차에서 벗어나 독도와 울릉도의 위치, 상대적 거리 등을 보여줄 필요가 있다.

4) 신라시대에 독도를 복속시킨 사람

독도에 대한 역사적 지식으로서 신라시대에 독도를 신라에 복속시킨 장군을 묻는 문항이다. 이것은 독도의 기초적인 역사지식을 측정하고자 하는데 그 목적을 두고 있다. 초등학생들은 이사부를 44.7%, 안용복을 24.3%로 답하였다(표 7-6 참조). 이사부의 정답률이 가장 높은 비율을 보였으며, 다른 문제에 비해서 학년 간의 차이가 상대적으로 작게 나타났다. 이것은 이사부와 안용복의 시대를 혼동하고 있는 것으로 생각된다. 이 점은 4학년에서 안용복의 응답 비율이 32.5%로서 이사부의 응답 비율 35.0%와 유사하게 나타난 결과에서 확인할 수 있다. 특기할 만한 사항은 2학년에서 이사부를 답한 비율이 42.9%로 높게 나타난 점이다. 이사부는 해당 학년의 교과 내용은

표 7-6. 이사부에 대한 이해

(단위: %)

학년 \ 항목	이사부	강감찬	안용복	홍순칠	합계
2학년	42.9	20.0	20.0	17.1	100
4학년	35.0	25.0	32.5	7.5	100
6학년	56.4	10.3	20.5	12.8	100
평균	44.8	18.4	24.3	12.5	100

아니어서, 설문 직전의 학습이 설문에 영향을 주었을 것으로 판단된다.

5) 독도의 옛 지명

여기서는 독도의 옛 이름이 아닌 것을 답하도록 물었다. 그 결과, 독도의 옛 지명에 대한 지식은 학년에 상관없이 고르게 낮게 나타났다. 초등학생들은 울릉도의 옛 지명이 다양하게 불린 것에 대해서 혼동을 많이 하고 있는 것으로 나타났다(표 7-7 참조). 학생들이 독도의 옛 지명에 대한 중요성을 다소 낮게 인식하고 있는 데서 그 정답률이 낮게 나타난 것으로 사료된다. 현재의 지명에도 부담을 느끼고 있는 학생들에게 과거의 지명을 묻는 것은 다소 어려운 질문이지 않았나 생각되었다.

표 7-7. 독도의 옛 지명에 대한 이해

(단위: %)

학년 \ 항목	석도	삼봉도	우산도	죽도	합계
2학년	17.1	22.9	31.4	28.6	100
4학년	22.5	20.0	27.5	30.0	100
6학년	20.5	23.1	28.2	28.2	100
평균	20.03	22.00	29.03	28.93	100

3. 어린이의 독도에 관한 기초 인식

여기서는 초등학생들의 독도에 대한 기초 인식을 살펴보았다. 이는 어떤 학습을 통하여 이루어진 것이 아니라 가능한 한 일상적인 생활 속에서 독도에 대해서 얼마나 인식하고 있는지를 알아보고자 하였다. 설문 내용은 7개의 문항으로 구성하였으며, 초등학생들의 이해 수준에 맞게 구성하였다.

1) 독도는 우리 땅이다

'독도는 우리 땅이다'라는 우리의 구호이자 주장에 대한 초등학생들의 인식을 확인하는 데 초점을 두었다. 전체 학생의 약 94%가 독도가 우리 땅이라고 답하였다(표 7-8 참조). 그리고 응답 비율도 학년이 높을수록 높게 나타났다. 2학년에서부터 88.6%가 독도는 우리 땅이라고 높은 인식을 나타낸 반면, 2학년의 11.4%가 독도가 우리 땅이 아니라고 답을 하였다. 아직 영토의 소유 관념에 대한 인지가 성장하지 않은 데서 비롯된 것으로 보인다. 독도가 우리 땅임이 너무도 당연한 사실이라고 생각할 수도 있으나, 어린 초등학생들은 다르게 생각할 수 있음을 보여 주고 있다. 고학년에 가서도 '독도

표 7-8. 독도는 우리 땅이다에 대한 인식

(단위: %)

학년 \ 항목	맞다	아니다	합계
2학년	88.6	11.4	100
4학년	95.0	5.0	100
6학년	97.4	2.6	100
평균	93.7	6.3	100

는 우리 땅이다'라는 물음에 100%의 학생들이 '맞다'라는 반응을 나타내지 않은 점도 특기할 만하다.

2) 독도에 대해서 아는 정도

이 문항은 독도에 대해서 어느 정도 알고 있는가에 관한 물음이다. 각종 학습이나 매체 등을 통하여 초등학생들이 독도에 대해서 알고 있는 정도를 알아보기 위한 것이다. 초등학생들은 '중간이다'에 55.1%의 반응을 나타냈다(표 7-9 참조). 이들의 반응은 독도에 대해서 잘 알지도, 모르지도 않는다는 반응으로 해석된다. '중간이다'라는 반응은 학년의 증가와 함께 줄어드는 경향을 보이나, 이 비율이 '안다'와 '모른다'로 분산되는 경향을 보였다. 독도에 대해서 '중간이다' 반응이 4학년에서 '안다'와 '잘 안다'로 증가함을 볼 수 있다. 반면에 '전혀 알지 못한다'와 '알지 못한다'의 비율은 학년이 올라가도 일정하게 유지됨을 볼 수 있다. 그래서 전체적으로 독도에 대해서 아는 반응과 모르는 반응이 비슷하게 결과를 보여 주고 있다.

표 7-9. 독도에 대해서 아는 정도 인식

(단위: %)

항목 학년	전혀 알지 못한다	알지 못한다	중간이다	안다	잘 안다	합계
2학년	5.7	14.3	74.3	5.7	0.0	100
4학년	5.0	17.5	47.5	15.0	15.0	100
6학년	5.1	12.8	43.6	17.9	20.6	100
평균	5.3	14.9	55.1	12.9	11.8	100

3) 선조들의 독도 수호 노력을 보며 드는 생각

선조들의 독도 수호 노력을 보면서 어떤 생각이 드는지를 묻는 물음에 초
등학생들은 독도를 '반드시 지켜야겠다'와 '지켜야겠다'에 약 85.1%가 응답
을 하였다(표 7-10 참조). '그저 그렇다'는 7.8%의 응답을 보였다. 응답을 보
다 구체적으로 보면 '반드시 지켜야겠다'는 비율은 2학년 80.0%에서 4, 6학
년 50%대로 급감하였다. 이런 감소 비율은 '지켜야겠다'는 반응으로 이동하
여 나타났다. 특히 '그저 그렇다'와 '다른 사람이 지키면 된다'의 응답 비율은
낮은 비율이지만 학년이 올라갈수록 증가하는 경향이 나타났다. 6학년에서
는 다른 사람도 '지킬 필요가 없다'는 응답 비율이 0.0%인 점도 특기할 만하
다. 독도 수호에 대한 인식이 강한 감성적 결단에서, 학년이 높아지면서 그
결단의 의지가 낮아짐을 볼 수 있다.

표 7-10. 선조들의 독도 수호 노력을 보며 드는 생각

(단위: %)

항목 / 학년	반드시 지켜야겠다	지켜야겠다	그저 그렇다	다른 사람이 지키면 된다	다른 사람도 지킬 필요가 없다	합계
2학년	80.0	8.6	5.7	2.9	2.8	100
4학년	52.5	32.5	7.5	5.0	2.5	100
6학년	51.3	30.3	10.3	8.1	0.0	100
평균	61.3	23.8	7.8	5.3	1.8	100

4) 일본의 독도 영유권 주장에 대한 생각

일본의 독도 영유권 주장을 들었을 때 드는 생각을 물었을 때, 초등학생
들의 반응은 '일본에 대해서 매우 화가 난다'가 44.9%, 그리고 '우리 땅임을

표 7-11. 일본의 독도 영유권 주장에 대한 생각

(단위: %)

항목 / 학년	일본에 대해서 매우 화가 난다	우리 땅임을 설명해 주고 싶다	그저 그렇다	일본에도 나름대로 주장하는 근거가 있다	일본의 주장이 맞다	합계
2학년	71.4	11.4	2.9	8.6	5.7	100
4학년	30.0	52.5	7.5	5.0	5.0	100
6학년	33.3	38.5	12.8	10.3	5.1	100
평균	44.9	34.1	7.7	8.0	5.3	100

설명해 주고 싶다'가 34.1%로 나타났다(표 7-11 참조). 2학년에서는 '일본에 대해서 매우 화가 난다'가 가장 높은 71.4%로 나타난 반면, 4학년과 6학년에서는 '우리 땅임을 설명해 주고 싶다'가 52.5%와 38.5%로 나타났다. 이런 결과는 저학년 학생들은 감정적 수준에서 반응을 하는 반면, 중학년과 고학년 학생들은 이성적 반응을 보였다. 이것은 연령이 증가하면서 논리적 사고와 증거를 바탕으로 한 주장을 펼칠 수 있는 이성적 사고가 작동한 것으로 판단된다. 그러나 6학년에서 '일본에도 나름대로 주장하는 근거가 있다'는 반응도 10.3%로 나타났는데, 이는 독도가 우리 땅이라는 것에 대해 이성적이며 합리적인 근거를 제시해 줄 필요가 있음을 보여 준다. 또한 독도에 관한 학습 방법 면에서 보면, 저학년은 독도가 우리 땅임을 강조하는 감성 교육을, 고학년은 고지도, 역사적 사료 등을 바탕으로 한 사료학습 방법이 적절할 수 있다.

5) 독도에 대한 심리적 거리

독도에 대한 심리적 거리를 묻는 질문에 초등학생들은 독도가 자신과 '가

표 7-12. 독도에 대한 심리적 거리 인식

표 7-12. 독도에 대한 심리적 거리 인식
(단위: %)

학년 \ 항목	가까이 있다	중간이다	멀리 있다	합계
2학년	62.9	22.8	14.3	100
4학년	42.5	35.0	22.5	100
6학년	30.8	51.3	17.9	100
평균	45.4	36.4	18.2	100

까이 있다'라고 응답한 비율이 45.4%가, '중간이다'의 비율이 36.4%, '멀리 있다'가 18.2%로 나타났다(표 7-12 참조). '가까이 있다'라는 반응은 2학년에 62.9%에서 6학년에 30.8%로 낮아졌고, 반면에 '중간이다' 반응은 2학년에 22.9%에서 6학년에 51.3%로 증가하였다. 이런 결과는 독도에 대한 심리적 거리의 정도가 연령이 증가하면서 낮아짐을 말해 준다. 그리고 상대적으로 심리적 거리를 멀리할 수는 없지만, 독도와의 심리적 거리를 어느 정도 이성적인 물리적 거리로 받아들이는 것으로 볼 수 있다. 그리고 이 결과는 '일본의 독도 영유권 주장에 대한 생각'이 감성적 반응에서 이성적 반응으로 변화하는 반응과 맥을 같이한다고 볼 수 있다.

6) 독도와 주변 바다의 중요성

독도와 주변 바다의 중요성에 대한 인식을 보면, '매우 중요하다'가 46.4%, '중요하다'가 19.9%, 그리고 '중간이다'가 23.2%로 나타났다(표 7-13 참조). 독도와 주변 바다에 대해서 66.3%가 중요하게 인식하고 있음을 알 수 있다. 그러나 '매우 중요하다'라는 응답은 2학년(65.7%)과 4학년(35.0%) 사이에 급격한 감소를 보였다. 반면에 '중요하다'라는 반응은 학년이 높아지면서 그 비율이 높아짐을 보여 주었다. 여전히 학생들은 독도와 주변 바다인 동해의 중요성에 대해서 높은 인식을 가지고 있음을 알 수 있다.

표 7-13. 독도와 주변 바다의 중요성 인식

(단위: %)

항목 학년	매우 중요 하다	중요하다	중간이다	중요하지 않다	전혀 중요 하지 않다	합계
2학년	65.7	11.4	14.3	5.7	2.9	100
4학년	35.0	17.5	40.0	5.0	2.5	100
6학년	38.5	30.8	15.4	10.3	5.0	100
평균	46.4	19.9	23.2	7.0	3.5	100

7) 독도를 위해서 자신이 할 수 있는 일

초등학생들에게 독도를 위해서 자신이 할 수 있는 일을 자유롭게 기술하도록 요구하였다. 그리고 그 반응을 정리하여 보았다. 초등학생들은 약 30%가 독도를 사랑하는 일로 응답하였다(표 7-14 참조). 이것은 초등학생 수준에서 할 수 있는 순수한 의지의 표현이라고 볼 수 있다. 다음으로 독도 수호 24.5% 그리고 독도 이해 20.3% 순으로 나타났다. 독도 사랑과 독도 수호가

표 7-14. 독도를 위해서 자신이 할 수 있는 일

(단위: %)

항목 학년	독도 수호	독도 이해	독도 사랑	독도는 우리 땅	독도 환경보전	외국 홍보	기타	합계
2학년	22.9	22.9	28.6	5.7	5.7	11.3	2.9	100
4학년	22.5	17.5	32.5	10.0	10.0	5.0	2.5	100
6학년	28.2	20.5	28.2	5.1	7.8	5.1	5.1	100
평균	24.5	20.3	29.8	6.9	7.9	7.1	3.5	100

자신의 감정적인 결단을, 그리고 독도 이해는 독도에 대한 이성적 앎에 대한 의지를 바탕으로 하고 있음으로 판단된다. 또한 '독도 환경보전'과 '외국 홍보'와 같이 보다 적극적이며 구체적인 활동을 제시한 응답도 각각 7.9%와 7.1%로 나타났다.

4. 분석 결과에 대한 논의

초등학생들의 독도에 관한 기초 지식과 인식에 대한 조사를 실시하였다. 그리고 기초 지식을 지리적 지식과 역사적 지식을 중심으로 살펴보았다.

먼저 독도에 관한 지리적 지식을 보면, 초등학생들이 독도의 행정구역은 33.1%, 독도가 속한 바다는 59.7%, 지도 상에서의 독도 위치 확인 정도는 50.1%가 정답을 보였다. 그리고 학년이 높아질수록, 독도의 지리적 지식에 대한 정답률이 증가하는 경향을 보였다. 특히 4학년부터 그 변화의 폭은 매우 크게 나타났다. 그러나 초등학생들의 독도에 관한 지리적 지식은 행정구역은 30%대, 바다와 지도 상의 위치 확인은 50%대를 보이고 있어서, 초등학생들의 독도에 관한 지리적 지식은 매우 낮은 수준으로 판단할 수 있다. 특히 초등학교 저학년의 지리적 지식은 낮은 수준을 보였다. 학교 현장에서 독도에 관한 교육을 강조하고 있지만, 여전히 학생들의 지리적 지식에 관한 기초 지식이 매우 부족함을 알 수 있다. 이 점은 독도에 관한 막연한 관심과 사랑을 호소하는 차원을 넘어서 독도에 관한 가장 기초적인 교육이 요구됨을 보여 준다. 특히 초등학생들은 독도의 위치에 관한 기초 지식이 매우 낮음을 볼 수 있는데, 이 점은 독도에 관한 지리적 위치 교육이 필요함을 의미한다.

독도의 위치 교육은 지도를 통한 교육이 요구된다. 독도의 위치 교육을 위하여 사회과부도를 적극적으로 이용하고, 사회과부도의 한국전도 등에서 독도를 울릉도와 함께 축소 없이 다룰 필요가 있다. 저학년에서는 사진 등을 통하여 독도의 존재 자체에 대한 인식을 심어주고, 중학년부터는 지도 상에서의 위치를 살펴볼 수 있는 기회를 제공할 필요가 있다. 중학년부터 사회과부도를 사용하기에 사회과부도의 한국전도에서 독도 위치를 자주 노출시켜서 자연스럽게 그 위치를 확인하여 행정구역과 함께 독도를 인지시킬 필요가 있다. 지도의 축척 상으로 보면, 독도의 크기를 지도 상에 표기할 수 없을지라도 독도의 위치를 의도적으로 적시하여 독도에 관한 상시적 학습을 유도할 필요가 있다. 일부 시·도 교육청에서 독도 교과서를 제작하여 교과외 활동 시간에 부교재로 사용하고 있긴 하지만, 이를 공식적인 사회 수업에서도 적극적으로 활용할 필요가 있다. 그리고 고학년에서는 독도의 위치를 동해, 배타적 경제수역 등의 영해 개념과 결합시켜 교육할 필요가 있다. 독도 자체의 점적(點的) 개념을 영해라는 면적(面的) 개념으로 확장하여 그 위치의 중요성을 교육할 필요가 있다.

다음으로 독도에 관한 역사적 기초 지식은 독도와 울릉도를 신라에 복속시킨 장군인 이사부 44.8%, 독도의 옛이름인 죽도는 36.3%의 정답률을 보였다. 이것으로 볼 때 독도의 역사적 사실에 관한 지식도 매우 높지 않은 것으로 나타났다. 역사적 지식은 학년에 따라서 편차가 크게 나타나지 않는 특징을 보였다. 상대적으로 독도에 관한 역사적 지식이 고학년으로 갈수록 높아지지 않음을 나타냈다. 이는 독도에 관한 역사적 지식을 고학년이 되어서도 그렇게 높게 인식하고 있지 못함을 보여 준다. 또한 독도에 관한 지식이 고학년에 가서도 많은 학습이 이루어지지 않음을 보여 준다. 한국사 교육에서 독도 역사에 관한 교육이 높지 않은 비중을 보이고 있음에서 그 연유를 찾을 수 있다. 저학년의 독도 역사 지식이 고학년으로 연계됨으로써 독도에 관한 지적 토대가 상대적으로 퇴화되었음을 의미한다. 이것은 학년의 증가와 함께 독도 교육에 관한 심화 학습이 이루어질 필요가 있음을 보여 준다. 또한 이런 결과는 독도의 지리적 지식과 대비되는 것으로서, 독도에 관한 지리적 지식은 학년의 증가와 함께 증진된 반면, 역사적 지식은 답보 상태를 유지함을 보여 준다. 따라서 지리적 지식을 바탕으로 하여 그곳의 역사를 겸비해서 독도 교육을 실시할 필요가 있음을 보여 준다.

다음으로 독도에 관한 기초 인식을 살펴보면, '독도는 우리 땅이다'에서 '맞다'가 93.7%, '독도에 대해서 아는 정도'에서 '안다'가 24.7%, '선조들의 독도 수호노력을 보며 드는 생각'은 '일본에 대해서 매우 화가 난다'와 '우리 땅임을 설명해 주고 싶다'가 각각 44.9%와 34.1%, '일본의 독도 영유권 주장에 대한 생각'은 '지켜야겠다'가 85.1%, '심리적 거리'는 '가까이 있다'가 45.4%, 그리고 독도와 주변 바다의 중요성은 '중요하다'가 66.3%로 나타났다. 초등학생들의 독도에 관한 기초 인식은 감성적인 측면에서 매우 높은 긍정적인 반응을 나타냈다. 이 점은 초등학교 저학년이 고학년보다 높게 나타나고 있다. 그러나 독도에 대해서 아는 정도를 묻는 물음에 대해서 매우 낮은 반응을 나타냈다. 초등학생들은 독도에 관한 주관적 인식에 대해서는 높은 자기 확신을 보이고 있으나, '독도에 대해서 아는 정도'와 같은 이성적 인식에 대해서는 다소 낮은 반응을 나타냈다. 독도에 관한 낮은 이성적 인식은 독도에 관한 기초 지식과 무관하지 않은 것으로 판단된다. 즉, 독도에 관한 낮은 지식은 곧 독도에 관한 이성적 인식을 낮게 만들고 있다. 이 점은 독도에 관한 주관적 결단의 정도는 매우 높으나, 이를 지탱해 줄 지적 토대가 취약한 것으로 판단된다. 이런 경향은 초등학교 저학년 학생에게서 더욱 심하게 나타난다.

초등학생들의 독도에 관한 기초 지식과 인식 결과를 토대로 보면, 초등학교 저학년 학생들에게는 독도에 관한 감성적 교육을 중심으로, 그리고 중학년과 고학년은 이성적 교육을 중심으로 구성할 필요가 있다. 그것은 학년이 증가함에 따라서 학생들의 이성적 사고가 높아지기 때문이다. 감성적 교육에서는 지도 그리기, 사진 살펴보기 등의 활동 중심으로 구성하여 실시하고, 이성적 교육에서는 독도에 관한 지식 교육과 사고 교육, 논쟁 교육 등을 중심으로 구성하여 실시할 필요가 있다. 이런 두 측면의 교육을 통하여, 초등학생들에게 독도에 관한 교육을 실시할 수 있다.

독도 교육은 독도에 관한 교육을 넘어서 독도를 통한 영토 교육으로 나아갈 필요가 있다. 다시 말하여 독도 자체에 관한 교육과 함께 독도를 매개로 하여 우리 영토에 관한 교육으로 확장할 필요가 있다. 그러나 독도 관련 인정교과서는 학년에 따라서 지적 능력의 차이가 큰 초등학생의 수준을 고려하지 않고서 제시되는 문제점도 가지고 있다. 이를 보완하기 위해서는 저학년 학생들에게는 감성적인 독도 교육에서 고학년으로 가면서 이성적인 독도 교육으로 나아갈 필요가 있다. 우리의 영토 교육은 아무리 강조해도 지나치지 않다. 그래서 초등학교 저학년에서부터 체계적인 영토 교육을 실시하여 학생들이 우리 영토에 관한 감성적 사랑과 이성적 이해를 겸비하도록 하여 훌륭한 국민으로 성장시켜야 한다.

앞으로 독도 교과서와 사회과 교과서의 내용수준과의 연계성과 수준 차이 등을 중심으로 해서 독도 교과서의 분석 연구, 그리고 독도에 상대적인 인지도가 높을 것으로 사료되는 경북 지역 학생과 타 지역 학생들의 인식 수준이나 그 차이를 비교 연구할 필요가 있다.

제8장

–

어린이가 선호하는 놀이 장소

–

1. 서론

초등학생들은 학교에서 학교 수업 활동과 함께 친구들과 어울리며 지내기도 하고 교실 안팎에서 다양한 활동을 수행한다. 쉬는 시간에는 학업 활동을 중단하고 자유롭게 친구들과 놀기를 선호하는 장소도 있다. 학교는 학생뿐만 아니라 교사, 직원, 학부모 등 다양한 사람들과의 관계가 설정되는 곳이기도 하고, 학생들과의 시간을 가장 많이 보내기에 친구들 간의 관계망이 형성되는 곳이기도 하다. 하지만 이런 학교에서의 생활이 늘 학생들에게 좋은 것만이 아니다. 학생들은 학교에서 좋아하는 곳이 있기도 하지만, 그만큼 싫어하는 장소도 존재한다. 이것은 학교 밖에서도 마찬가지이다. 학생들은 주체적으로 자신들이 선호와 혐오를 가지고서 장소를 인식하고 있으며, 이런 인식은 학생들의 행위에도 영향을 준다.

놀이는 학교 내외에서 학생들의 중요한 활동이다. 이 놀이는 재미있고 즐

거운 것이므로 자발적인 것이고 결과보다 과정을 중시하는 활동이다(김영진·김영환·김영선, 2007: 123). 이 놀이는 "행동도 일상생활에서 일어날 때와 다르게 수행되므로 비실제성 속에서 이루어진다. 놀이의 동기는 부나 권력의 획득과 같은 외부적인 목적에 의해 이루어지지 않으며, 순수한 자기 자신의 세계를 추구하는 것이므로 내적 동기에 의해서 실행이 된다. 놀이는 활동 목표나 결과보다 행동 그 자체 과정이나 수단이 중심이 된다. 놀이는 외부의 강요나 강제가 아닌 참여자의 자유로운 선택에 의하여 이루어진다. 그리고 놀이는 즐거움과 기쁨 등의 긍정적인 정서를 함께 가지고 있다"(김영진·김영환·김영선, 2007: 124)라는 특성을 지니고 있다. 그래서 본 연구에서는 놀이를 초등학생들이 학교에서 수업 시간과 식사시간 등의 필수적인 시간을 제외한 쉬는 시간에 이루어지는 모든 활동으로 정의하고, 학교 일과를 마친 후에는 공부를 하거나 학원을 가는 등의 학업활동을 제외한 활동으로 보고자 한다. 그리고 이 놀이가 행해지는 곳을 놀이 장소로 정의하고자 한다. 여기에서는 놀이 장소를 학생들이 놀기를 선호하는 장소와 놀기를 싫어하는 장소로 구분하여 살펴보고자 한다.

학교에서의 초등학생들의 선호 장소에 관한 연구는 김경·남상준(2013), 어정연(2013), 이선영(2011) 등이 있다. 이 연구들에서는 초등학생들을 대상으로 선호 장소를 살펴보고 있다. 그러나 이 연구들은 장소의 선호를 중심으로 이루어졌으나 혐오에 대해서는 연구가 이루어지지 않았다. 또한 놀이 활동에 대한 연구도 수행되었는데, 그 대표적인 연구는 김영진·김영환·김영선(2007), 김진희(2009), 서현·정은숙·박미자(2014), 김수희·박효진·김세영(2015) 등이 있다. 이 연구들은 주로 유아들을 대상으로 실시되었으며, 놀이가 유아에 미치는 영향과 놀이터와 외부 놀이 등에서 나타나는 양상을 살펴보았다. 그러나 이 연구들은 놀이 장소 혹은 놀이를 선호하는 장소에 대해서 구체적으로 연구를 실시하기보다는 놀이 활동이 주는 효과나 현상을 중심으로 연구하였다는 한계가 있다. 이는 곧 학생들이 선호하는 놀이 장소에 대한 연구가 부족하다고 볼 수 있다. 그래서 이 장에서는 초등학생들을 대상으로 학교에서와 방과 후의 놀이 장소로서 선호하는 장소와 혐오하는 장소를 살펴보고자 한다.

　이 장에서는 초등학생들이 선호하는 장소를 알아보기 위하여 설문 방법을 사용하였다. 초등학생들에게 설문지를 제시하고, 이에 대해서 자유롭게 답을 하도록 하는 방식을 사용하였다. 설문 내용은 학교 안과 밖을 중심으로 좋아하거나 싫어하는 장소, 그곳에서의 놀이 기구를 중심으로 구성하였다(표 8-1 참조). 설문지는 다양한 장소 중에서 '가장 선호하는, 그리고 가장 싫어하는' 장소를 물어 답을 하도록 하였다. 이것은 학생들의 설문 답변을 제약할 수 있으나 설문 답변의 경우 수를 줄여서 내용 적합성을 높이고자 하는 의도를 지니고 있다. 설문 내용은 학교에서 필수적인 활동, 즉 수업 시간 등을 제외한 쉬는 시간을 중심으로 놀이 장소로서 선호와 혐오 장소를 중심으로 살펴보았다. 또한 방과 후 노는 장소에 대해서 살펴보았다. 그리고 설문 방식은 설문 문항에 대해서 자유기술 형식으로 하였으며, 필요한 경우에는 이 답변에 대해서 추가 질문을 하였다.

표 8-1. 설문 문항 구성

번호	설문 내용
1	쉬는 시간에 학교 안에서 가장 좋아하는 장소는 어디인가요?
2	쉬는 시간에 학교 안에서 가장 싫어하는 장소는 어디인가요?
3	쉬는 시간에 학교 운동장에서 가장 좋아하는 놀이 기구는 무엇인가요?
4	쉬는 시간에 학교 운동장에서 가장 싫어하는 놀이 기구는 무엇인가요?
5	방과 후 학교 밖에서 어디서 노는 것을 가장 좋아하나요?

표 8-2. 연구 대상

학년	학생수	남학생	여학생
2학년	25명	13명	12명
4학년	30명	16명	14명
6학년	29명	15명	14명
합계	84명	44명	40명

연구 대상은 전주시 J초등학교의 2, 4, 6학년 학생들로서 총 84명이다(표 8-2 참조). 이 중 남학생은 44명이고, 여학생은 40명이다. 설문 결과의 분석은 기술통계의 빈도수와 백분율을 중심으로 실시하였고, 이 결과를 그래프로 분석하였다. 그리고 설문 결과를 학년과 성별을 중심으로 분석하였다.

2. 초등학생의 선호 장소 분석

1) 학교 내에서 학생들이 선호하는 장소

초등학생들은 쉬는 시간의 놀이 장소로서 운동장을 가장 선호하는 것으로 나타났다. 다음으로 교실과 복도를 놀이 장소로서 선호하는 것으로 나타났다. 학생들은 점심 시간이나 수업 사이의 쉬는 시간에 교실 건물 내부인 교실과 복도에서 놀거나 교실 외부인 운동장과 문방구에서 노는 것으로 나타났다. 그리고 이를 학년별로 보면, 운동장에서 노는 비율은 6학년이 가장 높게 나타났고, 가장 낮은 2학년보다 8%가량 높게 나타났다. 이 점은 모든 학년의 학생들이 운동장에서 노는 것을 선호하지만, 운동장의 점유율은 상대적으로 고학년이 높게 나타나고 있음을 보여 준다. 이것은 교실에서 노

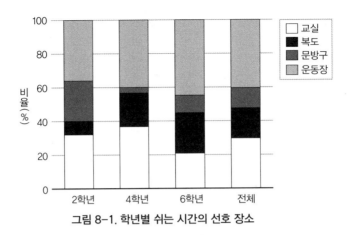

그림 8-1. 학년별 쉬는 시간의 선호 장소

는 학생들의 비율이 그대로 말해 주고 있다. 놀이 장소로서 교실은 2학년이 32%, 4학년이 36.7%, 그리고 6학년이 20.8%로 나타났다.

학생들이 쉬는 시간에 놀이 장소로서 운동장을 선호하는 이유로는 '운동장은 아이들이 많고 넓어서 놀기에 좋기 때문이다'라고 답했고, 교실과 복도는 '친구들과 놀기에 좋기 때문이다'라고 답했다. 이것은 학생들이 선호하는 장소는 학생들의 활동성이 보장되는 곳과 친구관계를 유지하는 데 좋은 곳을 중요하게 여기고, 이를 확보할 수 있는 장소를 놀이 장소로서 선호한다고 볼 수 있다.

학년 간의 가장 큰 차이를 보이는 놀이 장소는 문방구로 나타났다. 가장 높은 비율의 학년은 2학년인 반면, 4학년은 3.3%이다. 이는 아마도 2학년이 상대적으로 문방구에서 학용품 구입이나 군것질을 하는 비율이 높기 때문인 것으로 보인다.

다음으로 쉬는 시간에 운동장에서 가장 선호하는 놀이 기구로는 그네 (50.6%), 철봉(15.7%), 시소(7.9%) 순으로 나타났다(그림 8-2 참조). 학생들은 상대적으로 쉬는 시간이 짧아서 활동량이 많은 놀이 기구보다는 그네, 철봉, 시소 등을 선호하는 것으로 볼 수 있다. 그네의 선호도가 절반을 넘고 있는 점이 이를 잘 보여 주고 있다.

학교에서 쉬는 시간에 좋아하는 놀이 장소의 성별 차이를 보면, 남학생은 교실을, 여학생은 운동장을 가장 선호하는 것으로 나타났다(그림 8-3 참조). 그리고 여학생이 남학생에 비해서 상대적으로 운동장을 선호하는 비율이 높게 나타났다. 남녀학생 간에 가장 큰 차이를 보이는 장소는 교실로 나타났다. 즉, 교실의 선호도는 남학생이 38.7%인 반면, 여학생은 22.5%로 나

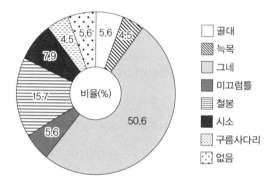

그림 8-2. 쉬는 시간 운동장의 선호 시설

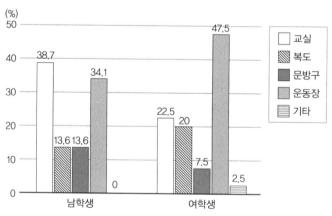

그림 8-3. 성별 운동장에서의 선호하는 놀이 기구

타났다. 이런 차이를 보인 것에 대해서, 남학생은 '쉬는 시간에 반 친구들과 바로 뛰놀 수 있기' 때문에 선호한다고 답했다. 그리고 여학생은 '놀이 기구나 다른 반 친구들과 운동장에서 뛰놀 수 있기' 때문에 교실보다는 운동장을 선호한다고 답했다. 이를 통해서 보면, 남녀학생은 친구들과 놀기에 적합하고, 놀이 기구가 있어서 서로 어울리기가 좋은 장점을 가지고 있어서 운동장을 선호하는 것으로 보인다. 그리고 남학생이 여학생보다 교실을 선호하는 것은 교실에서 장난을 치거나 놀기를 좋아하는 데 기인한 것으로 보인다.

2) 학교 내에서 학생들이 혐오하는 장소

초등학생들이 싫어하는 장소를 살펴보았다(표 8-3 참조). 초등학생들은 학교에서 쉬는 시간에 혐오하는 장소로는 교무실이 46.4%로 가장 높게 나타났고 다음으로 복도(21.4%), 교실(15.5%) 순으로 나타났다.

초등학생들이 가장 혐오하는 장소인 교무실은 학년이 올라갈수록 혐오도가 높아졌다. 학년별로 보면 2학년은 복도를 가장 싫어하는 장소로, 그리고 4학년과 6학년은 교무실을 가장 싫어하는 장소로 인식하였다(그림 8-4 참조). 학생들은 쉬는 시간에 교무실을 가장 싫어하는 이유로 '교무실의 분위기가 긴장되고 친구들과 놀 수 없기 때문이다'라고 답했다. 그다음으로 복도와 교실은 '친구들과 시끄럽게 놀 수 없기 때문이다'라고 답을 하였다. 이를 토대로 보면, 학생들은 질서를 지켜야 하고 규칙이 많은 장소에 대해서 중압감을 가지고 있음을 알 수 있다. 그리고 이에 대한 영향을 주는 교사의 공간과 교사의 관심 공간에 대해서 불편함을 느끼고 있음을 볼 수 있다. 다른 말로 표현하면, 학생들은 자유롭고 친구들과 놀기에 좋은 장소를 더욱 선호함과 맥을 같이하고 있다. 이 점은 교무실이 저학년보다는 고학년 학생들이 보

표 8-3. 학년별 쉬는 시간의 혐오 장소

(단위: %, N: 84)

	교실	복도	문방구	운동장	교무실	기타	합계
2학년	12.0	48.0	0.0	8.0	20.0	12.0	100
4학년	20.0	13.3	10.0	13.3	40.0	3.4	100
6학년	13.8	6.9	3.4	0.0	75.9	0.0	100
평균	15.5	21.4	4.8	7.1	46.4	4.8	100

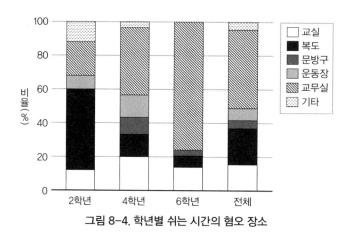

그림 8-4. 학년별 쉬는 시간의 혐오 장소

다 엄격한 공간으로 인식하고 있음을 보여 준다. 그리고 가장 혐오도가 낮은 장소는 문방구로 나타났다. 이곳은 교사나 타인의 통제가 가장 적은 장소여서 좋아하는 것으로 판단된다.

다음으로 쉬는 시간에 학교 운동장에서 가장 싫어하는 놀이 기구로는 없음이 가장 높게 나타났다(표 8-4 참조). 이는 학생들이 학교 운동장의 시설에 대해서 대체적으로 선호를 하는 것으로 보인다. 다음으로는 운동장에서 철봉을 싫어하였다. 그 이유는 '철봉은 위험하고 힘들기 때문에' 싫어한다고 답을 하였다. 이는 철봉이 놀이 기구로서 이용하는 데 위험성과 어려움이 있기 때문으로 보인다.

180   어린이의 지리학

표 8-4. 쉬는 시간 운동장의 혐오 시설

(단위: %, N: 84)

종류	그네	구름 사다리	미끄 럼틀	늑목	시소	철봉	없음	합계
응답률	4.8	9.5	11.9	3.6	10.7	19.0	40.5	100.0

표 8-5. 성별 쉬는 시간의 혐오 장소

(단위: %)

	교실	복도	문방구	운동장	교무실	기타	합계
남학생	18.2	15.9	2.3	4.5	52.3	6.8	100
여학생	12.5	27.5	7.5	10.0	40.0	2.5	100

학교에서 쉬는 시간에 싫어하는 장소를 성별로 보면, 남녀학생 모두 교무실을 가장 싫어하였다(표 8-5 참조). 그 이유로는 '교사들이 교무실에 많다' 그리고 '교무실에서 놀 수 없다'라고 대답을 하였다. 그러나 상대적으로 남학생이 여학생보다 더 교무실을 싫어하였다. 그다음으로는 남학생은 교실을, 여학생은 복도를 놀이 장소로서 싫어하였다. 이를 통해서 보면, 학생들은 쉬는 시간에 자유롭게 친구들과 놀 수 있는 공간을 선호하고 있음을 확인할 수 있다. 특히 여학생이 복도를 선호하지 않는 것은 '친구들과 시끄럽게 마음껏 놀 수 없다' 또는 '복도가 너무 시끄러워서 친구와 대화할 수 없다'라는 대답에서 그 이유를 찾을 수 있다. 이런 결과로 보면, 학생들은 통제된 공간이나 대화에 방해를 받는 장소를 놀이 장소로서 싫어한다고 볼 수 있다.

3) 방과 후 선호 장소

학생들은 방과 후에 자유 시간을 갖거나 부모의 통제를 받는다. 이런 학생들이 방과 후에 어느 장소를 놀이 장소로서 선호하는지 알아보았다(표 8-6

참조). 방과 후의 놀이 장소로 선호하는 곳은 집이 45.3%로 가장 높게 나타났다. 다음으로 놀이터가 34.4%로 나타났다. 이런 결과는 집이 주는 안정감과 집으로 가는 의무감이 반영된 결과로 보인다. 그리고 놀이터가 전체적으로 높게 나타난 것은 학생들의 자유공간으로 매력이 높은 곳이어서 비롯된 것으로 보인다.

학년별로 보면, 방과 후 선호 장소로 큰 변화를 보이는 것은 집의 비율이 증가하고 있는 점과 놀이터의 비율의 감소한다는 점이다(그림 8-5 참조). 집은 특히 6학년에 그 비중이 높게 나타났다. 반면에 6학년에 놀이터는 선호 장소로서 급감하였다. 이것은 고학년은 방과 후에 집에서 노는 비율이 증가

표 8-6. 학년별 방과 후 선호 장소

(단위: %, N: 64)

	문방구	놀이터	PC방	집	기타	합계
2학년	0.0	45.0	5.0	30.0	20.0	100
4학년	0.0	55.6	0.0	38.9	5.5	100
6학년	3.9	11.5	11.5	61.6	11.5	100
평균	1.5	34.4	6.3	45.3	12.5	100

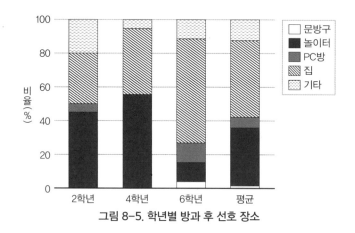

그림 8-5. 학년별 방과 후 선호 장소

어린이의 지리학

하였고, 놀이터의 외부 공간의 선호 비율이 감소한 것으로 볼 수 있다. 이런 현상은 저학년은 놀이터 등 외부 활동을 선호하는 반면, 고학년은 집에서의 실내 활동을 많이 하고 있음을 보여 준다. 고학년의 학생들이 집에서 컴퓨터 등의 게임 놀이 등이나 학업을 위한 통제가 늘어서 이런 결과가 나타났을 가능성이 높다. 또한 6학년에 PC방의 비율이 증가하는 점도 특기할 만하다.

성별로 보면, 남학생은 집, 놀이터, PC방 순으로, 그리고 여학생은 집과 놀이터 순으로 선호 장소가 나타났다(표 8-7 참조). 남학생과 여학생 모두 집에서 노는 것을 가장 선호하였다. 반면, 성별 차이가 가장 크게 나타난 것은 놀이터였다(그림 8-6 참조). 남학생은 25%인 반면, 여학생은 41.2%로 그 차이가 16.2%로 나타났다. 반면, 남학생은 PC방을 선호하였다. 특히 여학생은 PC방을 가장 선호하는 장소로 제시하지 않았다. 이것은 PC방이 여학생

표 8-7. 성별 방과 후 선호 장소

(단위: %)

	문방구	놀이터	PC방	집	기타	합계
남학생	3.1	25.0	12.5	43.8	15.6	100
여학생	0.0	41.2	0.0	50.0	8.8	100

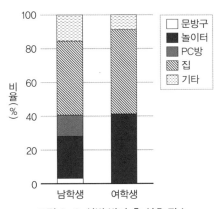

그림 8-6. 성별 방과 후 선호 장소

보다는 남학생의 장소임을 말해 주고 있다. 남학생은 놀이 기구를 중심으로 노는 수동적인 장소인 놀이터를 여학생보다 적게 선호하는 것으로 볼 수 있다. 반면, 해방감을 느끼는 장소인 PC방을 여학생보다 좀 더 선호하는 것으로 볼 수 있다. 그리고 기타에서는 남학생들이 도심 지역을 선호하기도 하였다. 이것은 다수의 사람들이 모이는 곳을 선호한다고 볼 수 있다.

3. 결론

이 장에서는 초등학생들이 학교에서 쉬는 시간에 놀이 공간으로 선호하는 장소와 혐오하는 장소, 그리고 방과 후의 놀이 장소로서 선호하는 장소를 살펴보았다. 초등학생들이 학교에서 학업 시간이 아닌 쉬는 시간에 놀이 장소로 선호하는 장소는 운동장, 교실과 복도 순으로 나타났다. 이는 학생들이 쉬는 시간에 해방감을 느낄 수 있고 자유롭게 놀 수 있는 공간을 선호하고 있음을 보여 준다. 이런 결과는 성별에서도 차이가 나타났다. 즉, 쉬는 시간에 놀이 장소로서 남학생은 교실을, 그리고 여학생은 운동장을 가장 선호하였다. 남학생들은 수업 시간이 끝나자마자 바로 놀 수 있는 교실을 선호하지만, 여학생들은 상대적으로 넓고 자신만의 공간을 확보할 수 있는 공간인 운동장을 선호하는 것으로 볼 수 있다. 학년별로 보면 고학년으로 갈수록 운동장의 점유비율이 높게 나타났다. 고학년으로 갈수록 상대적으로 통제가 적은 공간인 운동장을 선호하는 것으로 볼 수 있다. 운동장에서는 정적인 놀이를 중심으로 노는 경향을 보였는데, 이는 그네를 가장 선호하는 점에서 확인할 수 있다.

학교 내에서 놀이 장소로서 혐오하는 장소로는 교무실이 압도적으로 높게 나타났다. 이것은 학년이 올라갈수록 높게 나타났는데, 학생들이 학교에서 교사의 통제와 권력이 머무는 곳을 매우 싫어함을 보여 주고 있다. 저학년은 이런 통제의 장소로서 복도도 높게 인식하였다. 성별로는 남학생이 여학생보다 높게 교무실을 싫어하는 공간으로 인식하였다. 이것은 남학생이 상대적으로 통제가 적고 자유로운 공간을 선호하는 것으로 볼 수 있다. 학교 운동장의 시설 중 혐오하는 것으로는 없음이 가장 높게 나타났고, 다음으로 철봉을 싫어하였다. 이로 인해, 철봉이 학생들의 이용도가 가장 낮은 놀이 기구라고 볼 수 있다.

마지막으로 방과 후의 선호 장소로는 집을 가장 선호하였고, 다음으로 놀이터를 선호하였다. 이런 결과는 집이 주는 안정감과 집으로 가야 하는 의무감이 함께 반영된 결과로 보인다. 그리고 놀이터가 전체적으로 높게 나타난 것은 학생들의 자유공간으로 매력이 높은 데서 비롯된 것으로 보인다. 학년별로 보면, 저학년은 놀이터를 매우 선호하였으나 고학년은 집을 선호하였다. 학년에 따라서 방과 후에 학생들이 선호하는 장소가 다름을 보여 주었다. 그리고 남학생들은 선호 장소에서 다양한 반응을 보였다. 즉, 여학생에 비해서 선호하는 장소의 종류가 다양하게 나타났다. 그리고 남학생은 학년이 높아가면서 집에서 PC방과 도심 지역까지 선호 장소가 확대되고 있음을 알 수 있다.

초등학생들이 학교의 쉬는 시간에 선호하거나 혐오하는 장소는 학년과 성별에 따라서 다르게 나타났다. 학생들은 놀이 장소로서 운동장과 같은 자유공간을 선호하는 반면, 교사들의 통제가 있는 교무실과 같은 장소를 싫어함을 알 수 있다. 이런 점은 학년이 올라가면서 더욱 크게 나타난다. 그리고 방과 후의 선호 장소도 학년이 높아지면서 활동범위가 확대되고, 이것은 남학생과 고학년에서 더욱 크게 나타나고 있다.

이런 결과를 통해서 보면, 학교에서 학생들의 놀이 장소는 수업 공간과 밀접한 관련이 있음을 알 수 있다. 학생들은 수업 공간을 통제의 공간으로 보는 경향이 있다. 따라서 학교는 학생들에게 적절한 놀이 장소를 제공하여 긴장과 통제에서 자유와 해방을 조화롭게 경험할 수 있는 장치를 제공할 필요가 있다고 볼 수 있다.

어린이의 지리학

제3부

–

어린이의 지리 문해력 신장

–

제9장

어린이의 세계지리 문해력 계발

–

1. 서론

세계는 교통과 통신의 발달로 지구촌사회가 되었다. 이런 변화는 우리를
세계의 일원으로서 살아가게 만들었다. 초등학교 사회과 교육과정에서도
이런 변화를 적극적으로 반영하여 학생들을 세계 사회의 시민으로 성장시
키기 위하여 세계지리 내용을 6학년 사회과목에 편성하고 있다. 초등학교
사회과 세계지리는 주로 지역지리를 바탕으로 주요 내용이 구성되어 있는
데, 이 세계지리 수업을 위해서는 학생들이 세계에 대한 기본 위치 지식[1]을
갖추어야 한다. 특히 세계지리 내용이 지역지리를 중심으로 조직되었을 때

---

[1] 김다원(2008a: 148)은 세계를 하나의 공간 속에서 바라보는 관점을 갖추기 위한 기초 학습요
소인 도시, 국가, 대륙, 대양에 대한 위치를 아는 것을 위치 지식으로 보고 있다. 이를 바탕으
로 해서 세계지리 기본 위치 지식을 학생들이 세계지리를 구성하는 기본적인 위치인 세계 대
륙, 해양 및 주요 국가의 위치에 관한 지식으로 정의하고자 한다.

는 이의 지식이 더욱 요구된다. 초등 세계지리 내용은 기본 위치 지식을 전제로 한 상태에서 교육과정이 구성되어 있으나, 학생들이 세계지리의 기본적인 위치 지식을 제대로 알지 못하고 있다. 학생들이 이런 기본 위치 지식을 제대로 갖추지 못했을 때는 세계지리의 학습에 관한 이해도가 떨어지거나 그 지식에 대한 오개념이나 오류를 낳을 수 있다. 그래서 세계지리의 기본 위치 지식은 세계지리의 학습을 실행하는 데 있어 필요조건으로서 매우 중요한 역할을 한다. 학생들이 세계지리에 대한 위치 지식을 상식적으로 알고 있을 것으로 생각하지만, 학생들의 세계지리에 관한 위치 지식 정도는 높지 않게 나타나고 있다(김다원, 2008a). 이런 세계지리 위치 지식의 결여는 지리 학습에 대한 이해도를 낮게 하고, 지리 지식의 오류를 낳을 수 있다. 그래서 세계지리 수업을 위해서는 세계지리에 관한 기본 위치 지식을 살펴보아야 하고, 이를 가르칠 수 있는 효과적인 수업방법이 요구된다.

이 장에서는 퍼즐 활동을 이용하여 초등학생들의 세계지리에 관한 기본 위치 지식을 증진시키기 위한 방안을 살펴보고자 한다. 즉, 세계지리 위치 지식을 성취해가는 과정으로서 세계지도 퍼즐 활동과 이 과정을 통해서 얻은 위치 지식의 결과를 살펴보는 방법으로 세계지도 그리기 활동을 결합해서 그 효과를 살펴보고자 한다.

학생들의 세계지리 지식에 관한 연구는 세계지리의 기본 위치 지식과 이에 대한 인식을 중심으로 살펴볼 수 있다. 먼저, 세계지리의 기본 인식과 발달에 관한 연구로는 세계지리에 대한 인식도(송언근·김재일, 2002; 성신재·이희열, 2006), 초등학생들의 세계 이해도(이경한, 2006), 초등학생의 세계 포섭관계의 이해도 발달(이경한, 2008) 등이 있다. 그리고 성신재·이희열(2006)은 고등학생들을 대상으로 대륙에 대한 인지도와 함께 국가와 방위에 대한 위치 인지 특성을 제시하였다. 이 연구들은 학생들의 학년이 증가함에 따라서 세계에 관한 이해와 인식 능력이 신장한다고 제시하고 있다. 그리고 이 연구에서 제시해 준 학생들의 세계 인식은 세계지리 위치 학습의 현주소를 확인해 주고, 더 나아가 학생들이 많은 오류를 지닌 세계지리의 위치 지식을 신장시킬 필요가 있음을 보여 준다.

다음으로 세계지리의 기본 위치 지식에 대한 연구로는 세계지리를 위한 위치 지식을 구조화된 위치 지식으로 제공해야 함을 주장하는 김다원(2008b)의 연구가 있다. 이 연구에서 지리 교육의 기본개념으로서 위치 지식의 의미를 재정립하고 지역이해를 위한 위치 지식의 형성과 위치학습의 대안을 제시하였다. 또한 김다원(2008c)은 중학생들을 대상으로 세계지도 상에서의 정확한 위치 지식이 필요함을 주장하였다. 그는 세계 지역에 대한 위치 지식과 지역생활 모습과의 연계 유형을 분석하여 위치학습이 필요함을 제시하였다. 심승희(2010)는 초등 지리 교육에 적합한 위치 학습의 내용을 지명이라는 점적 위치 지식과 하위 장소들의 관계를 구성하는 면적 위치를 제시하고 이의 연계를 제시하였다. 이 연구들은 지리 교육의 위치 지식의 중요성을 주장하면서 지리 교육에서 이를 신장시키기 위한 위치 교육의 방안을 제시해 주었다. 특히 영역으로서의 위치 학습방법으로 지도 퍼즐, 단계별 세계지도 스케치 맵, 프로젝트 방법을 제시하였다. 심승희(2011)는 한국지리의 기본 위치 지식을 증진시킬 수 있는 효과적인 학습방법에 관한 연구를 하였으며, 이 연구에서 퍼즐을 활용한 방법을 제시하였다. 그 결과, 지도 퍼즐을 활용한 방법이 학생들이 위치학습에 대한 매력을 많이 느꼈다고 주장하였다.

세계지리의 기본 인식과 발달에 관한 연구는 세계지리 위치 지식의 오류 수준이나 정도를 알게 해줌으로써 세계지리 교육에서 위치 교육의 필요성과 지향성을 제시해 주는 의미가 있다. 그리고 세계지리의 기본 위치 지식에 대한 연구는 위치 지식의 의미, 방법 등을 제시하면서 위치 지식을 통한 지리 학습 방안을 제시해 주고 있다. 이 연구결과들을 토대로 볼 때, 기초적인 위치 지식, 특히 세계지리의 위치 지식이 중요함을 알 수 있고, 이를 제대로 알려줄 수 있는 방법이 요구됨을 확인할 수 있다. 기존 연구에서는 위치 지식을 매개로 해서 더 나은 지리수업을 지향하고 있다. 그러나 초등 지리 교육 수준에서는 위치 지식 그 자체만을 가질 수 있도록 하는 위치 교육이 요구되나, 초등학생을 대상으로 한 세계지리의 기본 위치 지식에 관한 보다 본격적인 연구가 이루어지지 않고 있다. 또한 기존 두 영역의 연구는 세계지리 위치 지식의 결과를 중심으로 한 논의와 퍼즐 등의 수업 과정에 관심을 둔 논의로 이원화되어서 진행되고 있다. 그러나 학교 현장에서는 두 영역을 결합하여 보다 서로 상보적인 효과를 줄 수 있는 방안을 모색할 필요가 있다.

연구 대상은 전북 김제시 J초등학교 6학년에 재학 중인 두 명의 학생이다. 이 학교는 농산어촌의 분교로서 전교생이 15명에 불과하다. 두 학생이 속한 학급 구성원은 모두 2명이다. 여기에서는 소인수 학생으로 구성된 농산어촌 학교를 대상으로 사회과 세계지리수업을 위한 세계 기본 위치 지식을 증진시킬 수 있는 방안을 살펴보고자 한다. A 학생은 적극적인 성격이며, 공무원 자녀이며, 학업 성적이 우수한 반면, B 학생은 소극적인 성격의 조손 가정의 학생이며 학업 성적은 낮은 정도이다. 두 학생의 학업 성적은 국가 학업성취도 시험에서 각각 보통 수준에 해당하였다. 두 학생은 면담시 사회 수업이 매우 어렵다는 반응을 보였다.

연구방법으로는 크게 사전 조사, 수업 활동과 사후 조사로 구분할 수 있다 (표 9-1 참조). 먼저, 사전 조사는 세계지리 기본 위치 지식을 사실 지식과 표상 지식으로 구분하여 알아보았다. 사실 지식은 학생들이 세계지리 위치 지식에 대한 기억 지식을, 그리고 표상 지식은 세계지리 위치에 관한 지식을

　　　　　　　　　　　어린이의 지리학

표 9-1. 연구 방법의 단계적 활동

단계	학생 활동	교사 활동
사전 조사	사실 지식, 표상 지식	면담
수업 활동	퍼즐 활동, 세계지도 그리기 활동	관찰, 면담
사후 조사	사실 지식, 표상 지식	면담

표상의 형식을 통하여 제시한 지식을 의미한다. 여기서는 사실 지식은 지필 조사로, 그리고 표상 지식은 세계지도 그리기 방법으로 알아보았다. 세계지리 위치에 관한 사실 지식은 학생들이 알고 있는 세계의 대륙, 대양과 대륙별 국가에 대해서 적도록 해서 알아보았고, 표상 지식은 학생들에게 종이를 주고서 그 위에 세계지도를 그려 보도록 하여 살펴보았다.

다음으로 세계지도 퍼즐 활동이다. 이 활동은 4회에 걸쳐서 실시하였는데, 2회의 활동은 세계지도 퍼즐에 밑그림이 그려진 상태에서, 그리고 다른 2회는 밑그림이 그려지지 않은 상태에서 실시하였다. 퍼즐 활동은 사회수업, 학교의 중간놀이, 하교 전 자율 시간 등에 실시하였다. 이 활동은 교사가 핵심적인 활동을 학생들에게 안내하고 주의사항 등을 알려준 후 자발적으로 실시하도록 했다. 학생들의 활동자료는 수업 관찰 중에 주로 구했으며, 주요 관찰 내용은 퍼즐 완성 시간, 퍼즐을 맞추는 기준, 퍼즐을 맞추면서 관심을 갖는 사항 등이다.

사후 조사는 퍼즐 활동을 마친 다음 날에 실시하였다. 퍼즐 활동을 통해 학생들이 얻은 세계지리의 기본 위치 지식에 관한 학습 효과를 알아보기 위해 사후 검사를 실시하였다. 사후 검사도 사전 검사와 마찬가지 방식으로 실시하였다. 그리고 사전 조사와 사후 조사의 변화 정도를 비교하였다. 그 주요 내용으로는 대륙명, 대양명, 대양과 대륙의 위치 관계, 인지한 국가 수의 변화, 국가 위치 인식의 정확성, 그리고 세계지도에 제시되는 정보 등이다.

그리고 이 사전 조사, 수업 활동과 사후 조사를 실시하고, 학생들과 면담을 진행하였다. 이 면담은 주로 학생들이 이 단계들을 수행하면서 제시한 결과에 이해를 얻기 위하여 실시하였다.

2. 세계지리의 기본 지식 조사

사전 조사에서는 학생들의 세계지리에 관한 기본 위치 지식을 살펴보았다. 이 조사는 사실 지식과 표상 지식에 관한 조사로 이루어졌다.

먼저, 세계지리 위치에 관한 사실 지식 조사를 살펴보았다. 세계지리에 관한 사실 지식을 살펴보기 위하여 학생들에게 대양명, 대륙명과 각 대륙에 속해 있는 나라 이름을 쓰도록 하였다. 대륙명의 조사 결과(표 9-2 참조), A 학생은 '아시아'만을, 그리고 B 학생[2]은 '아시아, 북아메리카, 남아메리카, 남아공아프리카, 유럽'을 알고 있었다. A 학생은 대륙명에 대한 지식이 부족하였고, B 학생은 4개의 대륙명을 알고 있으나, '남아공아프리카'는 대륙과 국가명을 혼동하고 있었다.

대륙별 국가명의 조사에서 A 학생은 아시아 대륙에 '대한민국, 일본, 중국'만을 적은 반면, 개별국가로는 13개국을 제시하였다. 그리고 B 학생은 5개 대륙과 13개국을 알고 있었으나, 여전히 '남아공아프리카-아프리카, 가나'라고 응답을 하여 대륙과 국가를 혼동하고 있었다.

두 학생을 면담한 결과, A 학생은 "대륙의 명칭을 정확하게 알지 못하는

---

[2] A 학생의 경우에는 대륙과 해당 국가명을 작성하라는 요구에 대해서 대륙과 국가를 연결시키기가 어렵다고 해서 대륙과 상관없이 아는 국가명을 적어 보도록 하였다.

표 9-2. 대륙명과 국가명의 지식 조사

학생	대륙명과 국가명	대양명
A 학생	• 아시아: 대한민국, 일본, 중국, 우즈베키스탄, 러시아, 캐나다, 홍콩, 몽골, 인도, 케냐, 독일, 이탈리아, 미국, 영국, 러시아, 칠레	태평양, 해서양
B 학생	• 아시아: 중국, 한국, 일본, 베트남, 인도 • 북아메리카: 미국, 캐나다 • 남아메리카: 칠레 • 남아공아프리카: 아프리카, 가나 • 유럽: 프랑스, 네덜란드, 러시아	태평양, 대서양, 인도양

상황에서 문제에 접근하려니 너무 어려웠다."라고 답하였다. 그러나 집에서 "언니와 함께 가끔씩 세계지도를 이용하여 나라 이름 찾기 놀이를 해서 나라 이름을 알게 되었다."라고 대답했다. 반면 B 학생은 "집에 세계지도가 있지만 별로 관심이 없었으나 방문에 세계지도가 붙어 있어서 방을 드나들 때마다 한 번씩 살펴봐서 눈에 익었기 때문에 알게 되었다."라고 답했다.

또한 대양의 명칭에 대해 조사하였다. 그 결과, A 학생은 '태평양, 해서양'이라고, B학생은 '태평양, 대서양, 인도양'으로 답했다. A 학생은 '대서양'을 '해서양'으로 잘못 서술하였다. 두 학생을 면담한 결과, A 학생은 '태평양'을 "텔레비전에서 들었던 적이 있어서 기억에 남았다."라고 답하였다. B 학생은 대양의 이름을 "노래 가사를 통해 알게 되었지만 위치는 어디인지 모른다."라고 답했다.

다음으로 세계지리의 위치에 관한 표상 지식을 알아보았다. 이를 위하여 학생들에게 세계지도를 그려 보고, 해당하는 대륙명과 국가명 및 대양명을 적도록 하였다(그림 9-1 참조). 이 조사는 단순하게 이름을 기억하는 것을 넘어서 세계지도에 관한 전체적인 윤곽과 이에 해당하는 위치 지식을 제시하도록 하기 때문에 보다 어려운 내용이다.

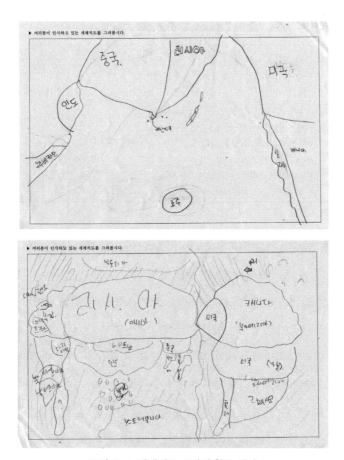

그림 9-1. 세계지도 그리기 활동 결과

A 학생은 세계지도에 '우즈베키스탄', '인도', '중국', '러시아', '대한민국', '일본', '호주', '미국', '칠레', '캐나다' 등 10개의 나라를 그렸다. 그는 대한민국을 중심으로 세계지도를 그렸고, 한반도를 중심으로 한 후 중국과 러시아로 육지가 뻗어 가는 형태를 그렸으며 양쪽으로 갈라지게 그렸다. 동쪽으로는 인도와 우즈베키스탄이, 북쪽으로는 중국과 러시아를 대륙의 끝으로 그렸다. 남쪽으로는 작은 원 모양으로 호주 하나만을 그렸다. 그리고 동쪽으로

는 미국과 캐나다, 칠레를 그렸는데 미국과 캐나다의 위치가 바뀌어 있고, 칠레가 캐나다의 왼쪽 가장자리에서 남북으로 길게 뻗어 있는 형태로 그림을 그려 놓았다. 이를 통해서 볼 때, A학생은 대륙, 대륙의 위치, 대륙별 크기, 국가의 위치, 국가별 크기 등에 대해 기본 지식이 부족함을 알 수 있다.

A 학생의 면담 결과, "대한민국 양 옆에 표시한 작은 점들은 제주도, 울릉도, 독도"이며, 중국과 러시아가 대한민국 윗부분에서 연결해서 뻗어 나가게 한 것은 "예전에 북한 부분 지도에서 그런 모습으로 나왔기 때문에 그렸다."라고 답했다. 또한 호주는 "세계지도에서 바다 한가운데 떠있는 모습을 보았던 기억이 떠올라서 그린 것"이고, 미국과 캐나다는 "서로 남북으로 붙어 있는 모습을 보았기" 때문이라고 설명했다. 칠레는 "정확히 어디에 있는지는 모르지만 세계에서 가장 가느다란 모양이어서 위치가 맞다고 생각되는 부분에 그려 넣었다."라고 말하였다.

B 학생은 세계지도의 모습과 유사한 것처럼 보이나 정확한 육지의 형태를 이루지 못하였다. 지도 상에 기재한 나라나 대륙의 명칭도 틀린 부분이 있었다. 타지마할이라는 명칭을 쓰기도 하고 유럽과 아프리카, 북아메리카와 남아메리카가 하나의 대륙인 것처럼 그려 놓기도 하였다. 한국을 지도의 중간에 그린 후 제주도, 울릉도, 독도의 위치를 표시하고 오른쪽으로 일본도 그려 놓았다. 한국 위에 중국을 그려 놓았으나 매우 작은 나라로 표현하였다. 러시아는 가장 큰 크기로 그려 놓고 러시아가 속해 있는 대륙을 아시아로 적었다. 러시아 아래에는 베트남, 인도를 그려 놓았고 그 밑으로 작은 원들을 그려 놓은 뒤 '발리'라고 적었다. 러시아의 왼쪽으로는 유럽이 접하도록 그렸고 네덜란드, 프랑스의 위치를 표시하기도 하였다. 그 밑으로 아프리카 모양의 대륙을 그려 놓고는 단순하게 북아메리카와 남아메리카로 기재하였다. 러시아의 오른쪽을 보면 북아메리카 대륙을 그려 놓았는데, 미국과

캐나다의 위치는 정확하게 그려 놓은 것을 볼 수 있다. 하지만 멕시코 일부를 남아메리카로 생각하여 기재하였고 멕시코 옆으로 남북으로 뻗어 있는 칠레의 모습을 그려 놓았다. B 학생은 A 학생에 비해서 세계지도 그리기에서 높은 인식도를 보이고 있으나, 대륙에서의 국가의 크기에 관한 인식이 부족하고, 특히 대양에 관한 인식이 매우 부족함을 알 수 있다.

B 학생의 면담 결과, "집에서 세계지도를 자주 접해서 기억이 잘 난다."라고 하였다. 러시아는 "당연하게 아시아 대륙에 해당된다고 생각했고 그 밑으로 알고 있는 베트남, 인도를 그려 넣었다."라고 하였다. 그리고 "러시아 위로 어떤 육지가 있었던 것 같은데 그 명칭은 빅토리아로 기억한다.", "가장 밑으로는 큰 육지의 오스트레일리아가 있는 것이 확실하다.", "아프리카 대륙은 정확하게 몰라서 나라를 못 썼다."라고 답하였다. 그리고 "지도의 중간 부분을 보면 구불구불한 선3)이 있는데 그것이 무엇인지는 모르고 세계지도를 볼 때마다 눈에 먼저 띄었기 때문에 그랬다."라고 말했다.

사전 조사 결과를 종합해 보면, 두 학생의 세계지리에 대한 기본 지식의 차이가 크게 나타나나 두 학생 모두 세계지리에 관한 기본 지식이 매우 낮음을 알 수 있다. 다음으로 세계지리에 대한 흥미 정도에 따라 인식의 차이가 발생하고 있음을 확인할 수 있다. 그리고 세계지도 그리기 활동에서도 세계지리 기본 지식이 부족함을 다시금 확인할 수 있다. 즉, 대륙과 국가의 혼동, 대륙과 국가 위치의 혼동, 세계지도 상에서 위치 확인 능력 부족, 국가의 크기와 비율, 대양의 위치와 크기에 대한 이해가 부족함을 알 수 있다.

---

3) B 학생은 날짜 변경선을 구불구불한 선으로 표현하고 있다.

3. 세계지리 문해력 계발을 위한 수업 활동
-세계지도 퍼즐 활동을 중심으로-

1) 세계지도 퍼즐을 활용한 수업 활동의 설계

본 수업안은 크게 두 가지의 활동으로 이루어지고 있다. 그 중 하나는 과정으로서 활동이며 다른 하나는 결과로서의 활동이다. 본 수업은 세계지리의 기본 위치 지식을 향상하기 위하여 과정으로서 수업 활동과 결과로서의 수업 활동을 조화롭게 활용하고자 구상하였다. 과정으로서의 활동은 세계지도 퍼즐을 맞추는 활동이고, 결과로서의 활동은 세계지도 그리기 표상 활동이다. 이 수업의 기본 구상은 학생들이 세계지도 퍼즐 활동을 수행하는 과정 중에 세계지리의 기본 위치 지식을 자연스럽게 알게 될 것이다. 그리고 세계지도 그리기 활동을 통하여 자신이 퍼즐 활동을 수행하면서 알게 된 세계지리 위치 지식을 확인하고, 다시 수정 보완할 수 있는 기회를 얻게 된다. 과정으로서의 활동으로 퍼즐을 선택한 이유는 퍼즐이 성공이라는 쾌감을 느끼게 해 주는 흥미로운 놀이이자 과제로서 모티브를 자극(심승희, 2011: 8)해 주기 때문이다. 또한 퍼즐은 교사의 개입 없이도 학생들이 스스로 과제를 수행할 수 있고, 그 과정에서 자기주도성을 가질 수 있는 장점이 있기 때문이다. 퍼즐 활동은 단초가 되는 초기 활동을 통하여 자신의 연상 작용을 자극하여 자신의 틀을 가지고서 과제를 완성해야 하는 장점이 있다. 이 활동은 학습자들의 학습능력에 큰 영향을 받지 않는 장점도 있다. 세계지도 퍼즐 활동을 위하여 두 유형, 즉 밑그림이 제시된 세계지도 퍼즐과 밑그림이 제시되지 않은 세계지도 퍼즐을 이용하였다(표 9-3 참조). 수업 활동에서는 유형 1을 먼저 제시하고, 유형 2를 후에 제시하였다. 밑그림이 제시된 세계지

표 9-3. 세계지도 퍼즐 활동의 유형

유형 1	밑그림이 제시되어 있는 세계지도 퍼즐
유형 2	밑그림이 제시되어 있지 않은 세계지도 퍼즐

표 9-4. 수업 활동의 구성

수업 활동	유형 1 퍼즐 활동	1차 퍼즐 활동
		2차 퍼즐 활동
	표상 활동 I	세계지도 그리기 중간 활동
	유형 2 퍼즐 활동	1차 퍼즐 활동
		2차 퍼즐 활동
	표상 활동 II	세계지도 그리기 마무리 활동

도 퍼즐을 제공한 것은 학생들이 초기에 퍼즐의 위치와 형태에 익숙하지 않아서 학생들의 활동을 원활하게 하기 위함이다.

세계지도 수업 활동은 총 6단계로 구성하였다(표 9-4 참조). 이 활동은 크게 퍼즐 활동과 표상 활동으로 구성하였으며, 퍼즐 활동은 두 유형별로 각각 2회씩 실시하도록 구상하였다. 본 수업 활동에서 학생들은 총 4회의 세계지도 퍼즐 활동을 실시하였다. 그리고 퍼즐 활동을 마칠 때 표상 활동을 하도록 구안하였다. 학생들이 마지막 단계에서 실시한 표상 활동인 세계지도 그리기는 사후 조사를 겸하고 있다. 즉, 최종적인 수업 활동의 결과를 사후 평가물로 활용하고자 한다.

학생들이 수업 활동의 단계들을 수행하는 퍼즐 활동을 관찰하였고,[4] 주요 관찰 사항들로는 퍼즐 활동 소요 시간, 퍼즐 구성 방식, 세계지도 퍼즐 속에

---

4) 여기에서는 교사의 개입을 최소화하였으며, 학생들의 질문사항에 답을 해주는 정도로 개입하였다.

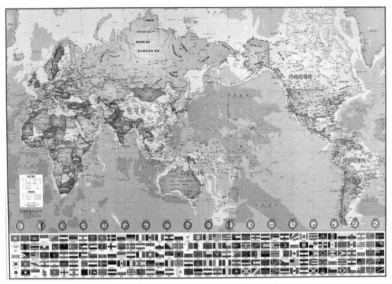

그림 9-2. 본 수업 활동에 사용한 세계지도 퍼즐
출처: 한글 세계지도, 한스커뮤니케이션

제시된 지리적 정보(경선, 위선, 시간, 국기, 산맥, 강, 도시 등)에의 관심 등
이다.

　다음으로 여기에서는 구입하기 편리한 상업용 세계지도 퍼즐을 이용하였
다. 여기에서 사용된 퍼즐은 H사의 『세계지도 퍼즐』[5]이다. 퍼즐의 크기는
가로 100cm×세로 70cm×두께 1cm로 구성되어 있다(그림 9-2 참조).

---

5) 여기에서 사용한 퍼즐의 특징은 다음과 같다.
　① 총 조각 수는 188개이다. ② 면적이 작은 나라는 국가 형태로 퍼즐 조각이 구성되어 있고,
면적이 큰 나라는 여러 퍼즐 조각으로 나누어져 있다. ③ 경도별 시간, 축척, 강이나 산맥의
표시 등 세계전도의 모습을 재현하고 있다. ④ 세계 여러 나라의 국기를 제시하고 있다. ⑤ 밑
그림을 제시하거나 혹은 제거함으로써 난이도별로 퍼즐 활동이 가능하다. ⑥ 놀이나 학습으
로 사용 가능하고, 벽에 걸어 전시용으로도 사용할 수 있다. ⑦ 퍼즐 조각이 코팅 처리되어 있
어서 보드마카로 쉽게 쓰거나 지울 수 있다.

2) 세계지도 퍼즐을 활용한 수업 활동의 적용

유형 1의 퍼즐 활동

유형 1의 세계지도 퍼즐 활동은 세계지도의 밑그림이 제시된 퍼즐을 활용한 활동이다. 이 유형 1의 활동은 1차와 2차의 활동으로 적용하였다. 그 수업 활동의 적용과정을 살펴보면 다음과 같다.

먼저, 1차 퍼즐 활동 단계는 세계지도 형태만 제시된 밑그림을 아래에 두고 그 위에 퍼즐을 맞추도록 하는 활동이다. 퍼즐 활동 시간은 학교의 중간 놀이 시간을 이용하였다. 교사는 학생들의 1차 활동을 관찰하였다. 학생들의 퍼즐 활동을 살펴보았을 때, A 학생은 퍼즐 판을 밑에서부터 맞추기 시작하였다. 그 이유로 "밑에는 국기와 시간들이 명확하게 제시되어 있어 퍼즐을 맞추기 쉬울 것 같기 때문이다."라고 대답하였다. 이 학생은 퍼즐의 색깔과 모양을 염두에 두고서 퍼즐을 맞추었으나, 대양 부분은 같은 색깔로 채색되어 있어서 퍼즐 맞추기를 어려워했다. A 학생은 아프리카와 유럽을 제외한 모든 대륙들의 퍼즐 조각을 맞추었으나, 바다의 대부분 지역은 맞추지 못했다. 대륙은 해안선과 국경선이 잘 제시되어 있는 반면, 바다는 특징이나 구분이 없어서 퍼즐의 자체 모양만으로 퍼즐을 완성해야 했기 때문에 어려워했다. A 학생은 "대륙을 먼저 맞춘 후에 어려운 부분인 바다로 접근하는 것"으로 퍼즐을 맞추었다. 그리고 대륙은 아시아를 먼저 맞추고 아메리카를 맞추었다. 그리고 유럽을 맞춘 후에 아프리카 부분으로 넘어갔으며, 중간 중간에 맞추지 못했던 부분들이 나오면 퍼즐을 전체적으로 살펴본 후 맞추어 갔다. 대양 부분을 맞출 때는 '북대서양' 글자, 항로의 연결선이나 날짜변경선이 적힌 퍼즐 조각을 이용하기도 하였다. 세계지도 퍼즐을 완성하는 데 총 56분이 걸렸다.

어린이의 지리학

B 학생은 퍼즐 판의 밑부분인 국기와 시간들을 먼저 맞추기 시작했다. 퍼즐 조각 중 눈에 띄거나 아는 위치가 나오면 먼저 퍼즐을 배치했다. 퍼즐 판의 테두리 부분들과 대륙 및 대양의 일부를 맞추었다. 대양 부분과 육지 부분을 반복해서 맞추면서 퍼즐 활동을 하였다. B 학생은 자신이 알고 있는 국가인 그리스, 우루과이, 터키의 위치를 맞추었다. B 학생은 일정한 기준이 없이 퍼즐 맞추기 활동에 임하여서 세계지도 퍼즐을 맞추는 데 어려움을 겪기도 하였다. 교사가 대륙을 우선적으로 맞추는 것은 어떠냐고 구체적인 조언을 해 준 후 대륙 부분의 완성도가 월등히 높아짐을 관찰할 수 있었다. 세계지도 퍼즐을 완성하는 데 총 60분이 걸렸다.

다음으로 2차 활동은 1차와 같은 세계지도 퍼즐을 이용하여 수업 시간 일부와 하교 전의 자율 시간들을 활용하여 실시하였다. A 학생은 먼저 손에 잡히는 조각을 살펴본 후 자신이 알고 있는 위치에 배치하였다. 하지만 1단계에서와 같이 대륙 부분을 우선적으로 배치하지 않고 대륙과 바다를 번갈아 가면서 맞추었다. 전체적으로는 남북아메리카 대륙의 퍼즐 조각을 먼저 맞추고 아시아를 맞추는 경향을 보였다. 세계지도 퍼즐을 한번 완성해 보았기 때문에 더 쉽다고 느꼈지만 대양 부분을 맞출 때는 여전히 어렵다고 했다. 그리고 비행 항로 궤적과 퍼즐 모양, 퍼즐 조각에 쓰여 있는 단어를 보고서 위치를 파악하려고 노력을 하였다. 세계지도의 퍼즐을 완성하는 데 걸린 시간은 41분이었다.

B 학생은 먼저 세계지도 상의 경선과 위선에 관심을 가지기 시작했다. 이것은 학생이 퍼즐을 맞추는 데 있어서 자신의 기준을 세우고 있는 것으로 판단된다. 본인이 알고 있는 부분이 나오면 우선적으로 퍼즐을 맞추었고, 다음으로 대륙 위주로 퍼즐을 맞추기 시작했다. 아프리카를 제외한 대륙들의 위치를 잘 기억하였고, 퍼즐 활동 중에 각 나라의 국기들에 관심을 가지고서

해당하는 나라들을 지도 상에서 찾아보는 모습을 보이기도 했다. 퍼즐 중에서 생각이 잘 나지 않는 위치나 모르는 나라의 경우는 지도를 살펴보다가 퍼즐 조각의 모양에 의존하여 맞추기도 하였다. 세계지도의 퍼즐을 완성하는 데 걸린 시간은 46분이었다.

유형 2의 퍼즐 활동

유형 2의 단계는 밑그림이 없는 세계지도를 가지고서 퍼즐을 맞추는 활동이다. 유형 2의 활동은 유형의 1의 두 차례 퍼즐 활동을 마친 후에 실시되었고, 이 활동도 1차와 2차에 걸쳐서 적용하였다. 그 수업 활동의 적용과정을 살펴보면 다음과 같다.

1차 퍼즐 활동은 수업 시간의 일부와 하교 전의 자율 시간들을 활용하였다. A 학생은 본인이 먼저 맞추고자 하는 국기와 시간 퍼즐 조각을 먼저 찾아서 맞추기 시작했다. 먼저 그린란드와 오스트레일리아를 완성시켰다. 북아메리카 부근의 퍼즐 조각을 찾아 퍼즐 조각에 나와 있는 경계선과 본인이 알고 있는 지도 속 요소들을 살피면서 맞추었다. 아는 부분의 퍼즐을 본인이 기억하고 있는 위치에 바로 놓기보다는 이 퍼즐 조각과 연결된 다른 퍼즐을 고려해 가면서 맞추었다. 특히 바다 부분을 맞출 때에는 비행경로의 윤곽을 파악한 후 집중적으로 퍼즐을 맞추어 갔다. 그리고 북아메리카와 남아메리카의 남은 부분들을 맞추기 시작했다. 유럽 부분을 맞추다가도 눈에 띄는 퍼즐 조각이 있으면 알맞은 위치에 배치시키는 모습을 보여 주기도 하였다. A 학생은 "여전히 아프리카는 어렵다."라고 하면서 아프리카 대륙 부근을 퍼즐 모양에 의존해서 퍼즐을 완성시켰다. 퍼즐을 완성하는 데 걸린 시간은 40분이었다.

B 학생은 퍼즐 조각을 하나씩 꺼내어 맞추어 보고 다시 바구니에 담기를

어린이의 지리학

반복하는 행동으로 퍼즐 활동을 시작했다. 먼저 퍼즐 판의 테두리 일부분을 맞추다가 중국과 몽골 부분을 맞추었다. 그 후 러시아 부분, 북아메리카 대륙 순으로 맞추었다. 그리고 본인이 알고 있는 나라라고 판단되는 퍼즐 조각은 적당한 위치에 배치시킨 후 그 주변의 나라들을 찾아보기도 하였다. 다음으로 남아메리카의 나라들을 맞춘 후, 서부 유럽에 위치해 있는 나라들을 맞추었다. 상대적으로 동부 유럽에 위치한 나라들은 퍼즐 조각 모양과 강줄기의 연결 정도에 의지하면서 맞추는 모습을 보여 주었다. 아프리카에 속하는 나라를 맞출 때는 퍼즐의 모양에 의존하는 모습을 보였다. 퍼즐을 완성하는 데 걸린 시간은 48분이었다.

2차 퍼즐 활동은 아침 독서 시간을 이용하였다. A 학생은 퍼즐 판 밑의 국기들과 시계가 그려진 부분을 우선적으로 맞추면서 러시아로 퍼즐을 마무리 지었다. 오스트레일리아는 두 개의 퍼즐 조각을 동시에 붙여 가며 완성하였다. 이후 북아메리카 부분을 맞춘 후 아시아의 중국과 인도의 퍼즐 조각을 맞추었다. 아프리카와 유럽 대륙은 가장자리부터 맞추었고 퍼즐 활동을 마무리할 무렵에는 퍼즐 조각 모양에 의존하면서 맞추었다. 세계지도 퍼즐을 완성하는 데 걸린 시간은 33분이었다.

B 학생도 퍼즐 판 밑의 국기들과 시계가 그려진 부분을 우선적으로 맞추기 시작했다. 이후 북아메리카를 우선적으로 맞추기 시작했는데 대륙의 모양과 퍼즐 조각에 적힌 단어들을 살펴보면서 해당되는 위치에 놓는 모습을 보여 주었다. 중국의 위치에 퍼즐을 배치시키고, 오스트레일리아는 두 조각으로 나누어져 있는 것을 합쳐서 해당되는 위치에 놓았다. 주변을 둘러싼 태평양 부분은 비행기 항로를 연결해 가며 맞추기 시작했다. 또한 유럽에 속한 나라들을 미리 골라 유럽 대륙 근처에 얹어 놓는 모습도 보여 주었다. 아프리카와 유럽 대륙의 나라들 중에서 위치를 잘 모르는 경우는 퍼즐 조각의 모양

을 보고 배치시켰다. 세계지도 퍼즐을 완성하는 데 걸린 시간은 43분이었다.

세계지도 그리기 표상 활동

세계지도 그리기 표상 활동은 유형 1의 활동을 마친 후에 표상 활동 I을, 그리고 유형 2의 활동을 마친 후에 표상 활동 II를 실시하였다. 표상 활동은 퍼즐 활동의 과정을 마친 후에 그 결과로서의 활동이다. 주로 퍼즐 활동의 효과를 살펴보기 위한 활동이다. 이 중에서 표상 활동 I은 유형 1의 활동을 마친 후의 중간 점검의 기능을 한다(그림 9-3 참조). 표상 활동 I은 유형 1의 2차 활동을 마친 후 다음 날에 실시하였다.

A 학생의 세계지도는 사전 조사의 결과보다 더욱 구체화되고 실제와 가까워진 모습을 보여 주었다. 특히 대한민국 중심에서 벗어나 실제 세계지도의 모습에 근접한 점은 지도 그리는 능력과 세계지리의 위치 인식 능력이 향상되었음을 보여 주었다. 아시아 대륙에서 오류가 많이 보이는 부분은 미얀마로서 우리나라와 인접해 있는 모습으로 그렸다. 유럽 대륙과 아프리카 대륙은 기존의 국가 경계로 나누는 활동에서 발전하여 퍼즐 활동을 통해 알게 된 나라들의 영역을 표시하는 부분까지 이르렀다. 그리고 국가 수도 대륙별로 약 4~5개에 이르렀다. 뉴질랜드를 오스트레일리아의 서쪽에 그리는 오류를 보였지만, 북섬과 남섬으로 표현했다. 북아메리카와 남아메리카 대륙의 위치도 정확해졌고, 5대양의 위치 및 명칭을 정확하게 표시하였다. 그리고 A 학생은 "퍼즐 활동을 하면서 대륙의 명칭이나 나라 이름, 위치 등을 많이 알게 되었고", 특히 "5대양의 위치와 명칭은 완벽하게 알게 되었고 퍼즐 활동을 할 때 퍼즐 조각에 적혀 있는 조각을 보아야만 맞출 수 있기 때문에 무의식적으로도 알게 되는 경우도 생겼다."라고 대답하였다. 하지만 본인이 관심이 가지 않는 작은 나라들은 잘 인식되지 않는다고 대답하였다.

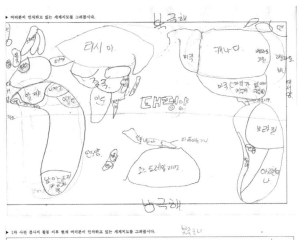

▶ 여러분이 인식하고 있는 세계지도를 그려봅시다.

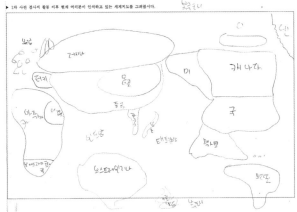

▶ 1차 사전 검사지 활동 이후 현재 여러분이 인식하고 있는 세계지도를 그려봅시다.

그림 9-3. 세계지도 그리기 표상 활동

　B 학생의 세계지도를 살펴보면, 사전 조사 시의 세계지도와 그 형태면에
서는 유사하였다. 그리고 지도 안의 정보는 적었지만 지도의 정확도는 높았
다. 중국과 몽골, 러시아를 제대로 위치시켰으나 한국의 위치가 실제와 많이
달랐다. 유럽 대륙은 육지의 형태가 아닌 작은 나라들로 이루어져 있다는 의
미로 동그라미들을 배열했고, 이 활동을 통하여 알게 된 가나와 이집트, 남
아프리카공화국을 아프리카 대륙에 적절하게 위치시켰다. 북아메리카 형태

는 실제와 거의 유사하였으나, 남아메리카는 그 대륙에서 가장 큰 나라인 브라질만을 표시하였다. 그리고 5대양을 올바른 위치에 명칭과 함께 표시하였다. B 학생은 "퍼즐 활동을 하면서 알게 된 것들이 많고, 심심할 때 퍼즐 활동을 따로 해 보면 재미를 느낀다."라고 답하였다.

표상 활동 II는 유형 2의 활동을 마친 후에 실시하였고, 그 결과는 사후 조사의 분석 자료로 활용하였다. 이 결과는 다음 장의 결과 분석에서 자세히 살펴보았다. 표상 활동 II는 유형 2의 2차 활동을 마친 후 그다음 날에 실시하였다.

4. 세계지도 퍼즐을 활용한 수업 활동의 결과

세계지도 퍼즐을 활용한 수업을 적용한 후, 학생들의 세계지리의 위치 지식의 효과를 살펴보았다. 그 효과를 사전 조사와 같이 세계지리 위치에 관한 사실 지식과 표상 지식을 중심으로 살펴보았다. 이 조사는 수업 활동을 마친 후 그다음 날에 실시하였다. 그리고 조사 결과를 바탕으로 학생들과 면담도 이루어졌다.

1) 세계지리 위치에 관한 사실 지식 조사

세계지도 퍼즐 활동을 실시한 후 세계지리에 관한 기본 위치 지식을 살펴보았다. 이를 물음은 사전 조사와 동일한 문항으로 실시하였다. 사전 조사에서 A 학생이 1개만을, B 학생이 4개를 알고 있었으나, 두 학생들은 모두 6대륙에 대해서 정확하게 알게 되었다(표 9-5 참조). 특히 B 학생은 '남아공아프리카'라는 대륙명의 혼동에서 벗어나 정확하게 아프리카 대륙을 알게 되었다. 학생들은 "이제는 6대륙의 명칭을 모두 알고 있을 뿐만 아니라 머릿속에서도 그 위치들이 생각난다."라고 답하였다. 즉, 퍼즐 활동을 하면서 세계지리의 기본 위치 지식인 대륙명을 정확하게 알게 되었음을 확인할 수 있었다.

표 9-5. 대륙명 조사

학생	사전 조사	사후 조사
A 학생	아시아	오세아니아, 아시아, 아프리카, 남아메리카, 북아메리카, 유럽
B 학생	아시아, 북아메리카, 남아메리카, 남아공아프리카, 유럽	오세아니아, 유럽, 아시아, 아프리카, 북아메리카, 남아메리카

표 9-6. 대륙명과 국가명 조사

학생	사전 조사	사후 조사
A 학생	• 아시아: 대한민국, 일본, 중국(3)	• 아시아: 인도, 대한민국, 일본, 중국, 홍콩, 미얀마(6) • 오세아니아: 피지, 솔로몬, 오스트레일리아, 뉴질랜드(4) • 북아메리카: 캐나다, 미국, 멕시코(3) • 남아메리카: 파라과이, 브라질, 칠레, 아르헨티나(4) • 아프리카: 남아프리카공화국, 알제리, 니제르, 이집트, 가봉, 기니, 가나(7) • 유럽: 영국, 프랑스, 독일, 터키, 이탈리아(5)
B 학생	• 아시아: 중국, 한국, 일본, 베트남, 인도(5) • 북아메리카: 미국, 캐나다(2) • 남아메리카: 칠레(1) • 남아공아프리카: 아프리카, 가나(2) • 유럽: 프랑스, 네덜란드, 러시아(3)	• 오세아니아: 뉴질랜드, 오스트레일리아, 멜라네시아, 피지, 솔로몬(5) • 아시아: 중국, 몽골, 한국, 일본, 인도, 인도네시아, 미얀마, 터키(8) • 아프리카: 가나, 이집트, 남아프리카공화국(3) • 유럽: 독일, 영국, 아일랜드, 프랑스, 그리스, 스웨덴, 덴마크(7) • 북아메리카: 미국, 캐나다, 멕시코(3) • 남아메리카: 칠레, 아르헨티나, 브라질, 우루과이, 파라과이(5)

( ): 국가의 숫자

표 9-7. 대양명 조사

학생	사전 조사	사후 조사
A 학생	태평양, 해서양	인도양, 대서양, 북극해, 남극해, 태평양
B 학생	태평양, 대서양, 인도양	대서양, 인도양, 태평양, 북극해, 남극해

그리고 국가명에 관한 사실 지식을 보면, 사전 조사에서 A 학생과 B 학생이 각각 3개국과 11개국이었던 반면, 사후 조사에서 A 학생과 B 학생은 각각 29개국과 31개국으로 증가하였다(표 9-6 참조). 특히 B 학생은 사전 조사에서 아프리카 대륙에 대한 오류가 있었으나, 사후 조사에서 대륙별로 속한 나라들을 모두 올바르게 제시하였다.

또한 대양명에 관한 사실 지식을 보면, 사후 조사에서 두 학생은 5대양의 명칭을 정확하게 제시하였다(표 9-7 참조). 사전 조사에서 A 학생이 '태평양'만을, B 학생이 '태평양, 대서양, 인도양'만을 제시했던 반면에, 사후 조사에서는 모두 5대양을 알게 되었다. 또한 두 학생들은 면담에서 5대양뿐만 아니라, '북태평양과 남태평양', '북대서양과 남대서양'에 대해서도 알게 되었다고 답하였다. 이 점에서 대양의 하위명까지 이해의 폭이 깊어져서 세계지리의 위치 지식이 증가하였음을 보여 준다.

2) 세계지리 위치에 관한 표상 지식 조사

세계지도 퍼즐 활동의 유형 1과 2를 마친 후에 세계지도 그리기의 표상 활동을 실시하였다. 이 활동은 유형 1과 2의 수업 효과를 알아볼 수 있는 근거가 될 수 있다. 세계지리 위치에 관한 표상 지식은 사전 조사에서 실시한 결과와 유형 2의 활동 후의 결과를 비교하여 살펴보았다. 여기서 A, B 학생의 결과를 중심으로 사전과 사후의 변화를 살펴보고자 한다.

어린이의 지리학

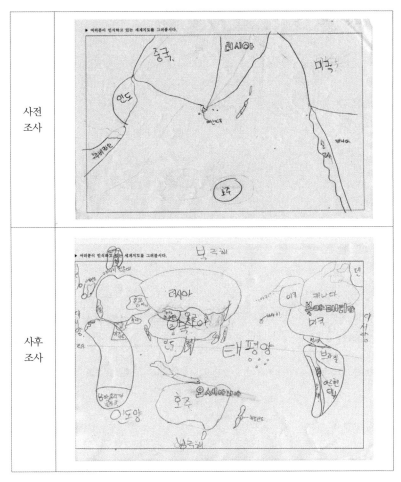

사전 조사	
사후 조사	

그림 9-4. A 학생의 세계지도 그리기 표상 활동 변화

A 학생(그림 9-4 참조)은 대륙의 전체적인 윤곽을 정확하게 인식하는 변화를 보여 주었다. 또한 대륙과 국가를 구분하지 못하는 수준에서 6대륙과 그 하위 단위인 국가들에 대한 인식이 높아졌다. 아메리카에 대한 오개념도 사후 조사에서는 대륙과 국가의 위치를 정확하게 제시하였고, 대양에 관한 지식도 전무한 상태에서 5대양의 이름과 위치를 제대로 표시하였다. 상대적

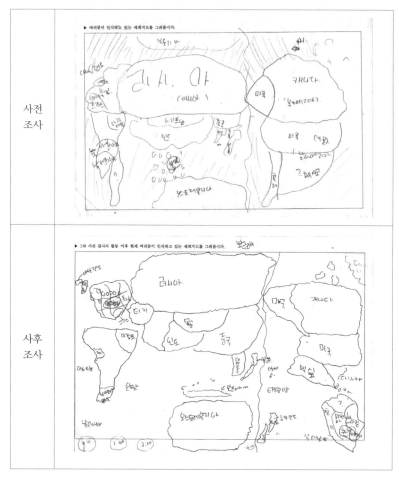

그림 9-5. B 학생의 세계지도 그리기 표상 활동 변화

으로 국가 경계가 단순한 나라의 이름을 많이 기억하는 반면, 유럽과 아프리카 등 국경선이 복잡한 국가에 대한 인식은 상대적으로 낮게 나타났다. 대륙의 형태가 실제 모습과 유사하게 인식하고 있으나 여전히 오스트레일리아 등에서 심한 오류를 볼 수 있다. 그리고 바다에서는 태평양과 대서양의 표현이 잘 나타나고 있으나 인도양의 형태와 비율은 큰 오류를 나타냈다.

어린이의 지리학

B 학생(그림 9-5 참조)은 대륙의 형태에서 진전된 모습을 보여 주었다. 특히 아프리카와 아메리카 대륙은 그 형태면에서 큰 변화를 보였다. 이전의 세계지도 그리기 활동에서는 유럽 대륙 자체를 표현하지 못하고 동그라미들만 나열했었는데, 이번 활동에서는 최소한 대륙의 형태를 표현하였고 해당 국가들을 표시하였다. 그리고 남아메리카 대륙도 이전에는 브라질이라는 나라만 표시했지만 대륙의 형태로 표현하면서 알게 된 나라들도 위치에 맞게 표시하였다. 또한 5대양의 명칭과 위치를 정확하게 기입하였고 본초자오선도 표시하였다. 주목할 점은 퍼즐에서 제시되어 있는 정보 중 하나인 시간의 개념도 세계지도 상에 표현하여 지도를 세로로 나누어 볼 때 그 위치마다 시간이 다름을 인식하게 되었다. 반면, 한국과 일본, 몽골의 위치가 지나치게 남쪽에 표현되어 있고, 남아메리카 대륙이 지나치게 작게 표현되고 있는 점으로 보아, 부분과 전체의 비율에 대한 인식이 아직 부족한 것으로 판단된다.

3) 세계지도 퍼즐 활동의 수업 관찰 결과

세계지도 퍼즐 활동인 유형1과 2를 수행하는 과정을 살펴본 결과, 학생들은 4회에 걸쳐서 세계지도 퍼즐 활동을 하면서 반복적인 학습을 통하여 세계지도 퍼즐을 맞추는 시간을 점점 단축하였다. A, B 학생은 유형 1의 활동에서는 각각 56분, 60분에서 41분, 46분으로 단축하였고, 유형 2의 활동에서는 각각 40분, 48분에서 33분, 43분으로 단축하였다. 이는 세계지도 퍼즐 활동의 경험의 증가로 세계지도의 틀이 학습되어 갔음을 의미한다.

학생들의 세계지도 퍼즐 활동은 대륙을 중심으로 시작하여 해양으로 이어 가는 경향을 보였다. 그리고 대륙은 상대적으로 눈에 익거나 두드러지게 차별성을 드러내는 아시아와 아메리카 대륙을 먼저 퍼즐을 맞추고 유럽과 오세아니아로 이어져 가는 경향을 보였다. 반면, 아프리카 대륙에 대해서 어려워하였다. 또한 세계지도 퍼즐 활동은 퍼즐 판의 가장자리에서 출발하여 자신들이 알고 있는 국가로 퍼즐을 맞추어 가기도 하였다. 대양에서는 학생들이 퍼즐 판의 글자, 항해선, 날짜 변경선 등의 단서를 통하여 퍼즐을 맞추어갔다.

또한 세계지도 퍼즐 활동을 하면서 세계지도 퍼즐이 지닌 각종 지리 정보에 대해서 학생들이 어느 정도 관심을 보이는가를 살펴보았다. 세계지도 퍼즐은 경위선 망, 날짜 변경선, 해로, 산맥, 강 등의 다양한 지리정보를 지니고 있으나, 학생들은 퍼즐을 맞추는 데에 집중하면서 세계지도 속의 지리적 정보들에는 관심을 두지 않았다.

5. 결론

이 장에서는 소수의 학생들을 대상으로 세계지도 퍼즐을 활용한 수업 활동을 통하여 세계지리의 기본 위치 지식을 신장시키고자 하였다. 그 결과, 세계지리에 관한 기본적인 위치 지식이 향상되었다. 학생들은 세계지리의 대륙명과 대양명을 정확하게 알게 되었고, 아는 국가명도 각각 29개국과 31개국으로 증가하였다. 특히 국가명과 해당 대륙의 관계를 보다 명료하게 알게 되었다. 그리고 세계지리에 관한 표상 지식에서도 대륙과 해당 국가에 대한 전체적인 윤곽에 대한 정확도가 높게 나타났다. 그러나 국가 경계가 단순한 국가에 대한 인식은 높으나 아프리카와 유럽 국가에 대한 오류가 여전히 나타났다. 또한 대륙과 국가의 비율과 위치에 대한 오류도 나타났다. 퍼즐 활동은 반복 활동을 통하여 세계지도 퍼즐을 맞추는 시간이 크게 단축되었다. 학생들은 자신이 알고 있는 아시아와 대륙 모양이 단순한 아메리카 대륙을 중심으로 맞춘 후 유럽이나 아프리카 등으로 확대하는 활동을 보였다. 반면, 아프리카와 유럽 대륙에 대해서 어려움이 있고, 대양에서는 학생들이 퍼즐 판의 글자, 항해선, 날짜 변경선 등의 단서를 통하여 퍼즐을 맞추어 가는 경향을 보였다. 그러나 세계지도 퍼즐은 다양한 지리정보를 지니고 있지만, 학생들은 퍼즐을 맞추는 데에 집중하면서 세계지도 속의 지리적 정보들에는 관심을 두지 않았다. 이를 통해서 볼 때, 학생들의 세계지리 기본 위치 지식은 세계지도 퍼즐을 활용한 수업 활동을 통하여 신장되었음을 알 수 있다. 그러나 학생들이 상대적으로 인지도가 낮은 대륙에 대해서는 그 효과가 현저하게 높아지지 않는 점도 볼 수 있다.

여기에서 얻은 결과가 주는 의미에 대해서 논의를 하고자 한다. 먼저, 초등학생들은 6학년에 세계지리를 학습하게 되는 데 있어서 세계지리에 관한 기본 위치 지식이 매우 중요한 역할을 한다. 세계지리에 대한 학습을 위해서는 세계지리에 관한 기본 위치 지식이 전제되어야 한다. 이 전제가 부족한 경우, 세계지리 학습이 실시되더라도 그 학습효과를 보장할 수 없고, 오히려 세계지리에 관한 오개념을 낳을 수 있다. 따라서 6학년 세계지리의 본격적인 학습을 위해서는 세계지리에 관한 기본적인 위치 지식을 학생들에게 적극적으로 알려 줄 필요가 있다. 이를 위해서는 학생들이 세계지도를 경험할 수 있는 학습 기회를 자주 제공해야 한다. 특히 교실 공간에서 쉬는 시간이나 방과 후 시간에 세계지도를 접할 수 있는 기회를 제공하여 세계지리에 관한 기본 위치 지식을 습득할 수 있도록 해야 한다. 그리고 학생들의 세계지리 위치 지식의 수준 차이를 극복할 수 있는 수준별 위치학습의 지도방안의 개발도 필요하다. 이것은 일상에서 일어나는 세계지리 관련 사건들을 세계지도 등을 통하여 알아보는 활동 등으로 구성할 수 있을 것이다.

또한 학생들이 세계지리에 관한 정보를 배울 수 있는 퍼즐 활동을 자주 제공할 필요가 있다. 세계지도 퍼즐 활동은 학생들이 퍼즐을 맞추는 과정에서 사고와 행동을 동시에 수행하면서 세계지리에 관한 기본 위치 지식의 기억 능력을 신장시킬 수 있다. 학생들은 퍼즐 활동에 흥미를 갖지만, 단순히 퍼즐만 가지고 하는 조작 활동은 학생들의 흥미를 잃게 할 수 있다. 따라서 퍼즐 활동과 함께 학생들이 퍼즐이 주는 부가적인 지리 정보를 활용하거나 구글 어스(Google Earth) 등의 최신 지리 매체나 어플리케이션을 이용한 게임을 결합하여 학생들의 세계지리 수업 활동을 구성할 필요가 있다.

초등학생들의 세계지리에 관한 기본 위치 지식은 세계지리 수업 내용을 이해하는 데 중요한 기능을 한다. 학습 교구로서 세계지도 퍼즐이나 세계전도를 마련하여 교실의 수업 시간이나 교과 외의 시간에 학생들이 이들을 경험할 수 있는 보다 많은 기회를 제공하여 세계지리에 관한 관심을 갖도록 할 필요가 있다. 이는 세계지리 수업의 필요조건을 충족시킬 수 있는 중요한 토대를 마련해 줄 것이다.

제10장

–

생태지도 만들기를 통한 환경감수성 신장

–

1. 서론

자연환경의 중요성은 아무리 강조해도 부족함이 없는 시대이다. 자연환경은 암석권, 수권, 대기권 등으로 구성되어 있으며, 이 중에서 수권은 해양, 하천 등으로 이루어져있다. 특히 하천 환경은 우리의 일상적인 삶과 밀접한 환경으로서 그 역할과 기능이 날로 중요시되고 있다. 우리 생활 주변에서 접하는 하천은 다양한 기능을 담당하고 있다. 일반적으로 하천은 육지의 물을 바다로 내보내는 통수의 기능을 담당한다. 특히 하천은 물길로서 홍수시 물을 하류나 바다로 흘러내리는 기능을 한다. 하천은 사람들에게 레저의 기능을 담당하여 각종 운동, 수변 놀이, 수상 놀이 등을 할 수 있는 장을 제공하는 기능과 휴식처로서 많은 사람들에게 휴식의 장소로서의 기능을 한다. 도시 생활에서 사람들에게 수변공간을 제공함으로써 삶의 활력을 줄 수 있는 기능을 담당하고 있다. 하천은 이런 기능과 함께 자연환경으로서 생태계 보존의 기능을 한다. 그 중에서 하천은 다양한 동식물의 생명체에게 서식 공간을 제공하며, 도시에 물을 제공함으로써 습도 유지를 하는 등 기후의 조절 기능을 하고, 건물로 가득한 도시에 하도를 통하여 바람 길을 제공한다. 이런 기능을 하는 하천은 자연환경으로서 중요한 대상이자 요소이면서 동시에 자연을 접할 수 있고 자연의 소중함을 배울 수 있는 환경 교육의 중요한 토대를 제공해 준다. 자연환경 요소가 부족한 도시에서는 하천이 더욱 중요한 환경 교육의 장이 되고 있다.

하천은 생태계의 보고이다. 하천의 물속에는 수생 식물과 동물이 서식하고 있고, 하천의 수생 동물은 조류, 설치류 등의 동물에게 먹이를 공급해 주고 있다. 하천 주변의 수변 식물 생태계는 동물들의 서식 공간을 제공하여 생태계를 건강하게 만들어 주고 있다. 하지만 하천에는 각종 인공물도 존재한다. 그 인공물로는 물길을 막는 보, 지나치게 직선화된 하도, 하천 둑, 각종 운동시설, 하천 주변 건축물 등이 있다. 그리고 하천에는 인간의 경제활동으로 인한 부산물인 각종 오염물질이 쏟아져 들어오고 있다. 그 일부가 정화되어 하천으로 들어오긴 하지만 완전한 정화가 이루어지지 않음으로써 하천 오염을 시키고 있다. 이런 하천의 인공물 건설과 오염물질의 유입은 자연에 대한 인간의 간섭을 높임으로써 하천 생태계의 파괴를 가속화시키고 지속적으로 오염원을 증가시키고 있다.

환경문제의 심각성과 함께 환경 교육의 중요성도 함께 높아가고 있다. 특히 환경 교육은 학생들이 환경문제를 직접 체험함으로써 보다 학습효과가 커질 수 있다. 그 체험의 방식은 환경문제 현장을 방문하는 등 다양하게 이루어지고 있다. 이 중에서 학생들이 주변 환경에 관한 생태지도를 작성하는 체험 활동은 환경문제를 보다 적극적으로 체험할 수 있는 한 방식으로 볼 수 있다. 환경 생태지도 체험은 환경감수성이 큰 학생들이 환경 생태지도를 직접 작성해봄으로써 환경에 대한 이해를 높이고, 이를 통하여 환경에 대한 사랑을 높일 수 있는 방법이다. 하천을 중심으로 한 생태지도 그리기 체험활동은 하천 생태계의 문제를 생각하고 이에 대한 해결책을 제시하는 능력을 기를 수 있다.

생태지도 만들기와 관련된 기존 연구들은 환경지도 제작활동의 환경 교육 및 지리 교육적 함의를 다룬 연구(윤옥경, 2010), 습지 생태 지도 프로그램 개발과 적용을 다룬 연구(양은주·김기대, 2010)가 있다. 우리 동네 환경지도 그리기(이지희, 1997) 등이 있다. 이 연구들은 생태지도 그리기를 통하여 환경 관련 내용의 이해, 환경의 구성요소나 경관을 지도화 하는 데 초점을 맞추고 있다. 그리고 이 활동을 통하여 환경문제로 제시할 수 있는 안목을 기를 수 있는 능력을 그리는 데 초점을 맞추고 있다. 그러나 생태지도 그리기를 환경 체험을 바탕으로 실시하고 이를 토대로 학생들이 살고 있는 환경문제를 해결하는 방식의 연구는 부족하다고 볼 수 있다. 즉 기존 연구들은 환경 생태지도를 직접 활용하여 환경문제의 해결방안을 모색하는 것에는 부족하였다고 볼 수 있다. 따라서 이 장에서는 생태지도 그리기 체험 활동을 하기 전에 현지 사전 활동을 실시하고, 이를 통해 생태지도 그리기 활동을 하고, 이 생태지도와 관련된 내용을 바탕으로 환경문제 해결 방안을 제시하고자 한다.

2. 생태지도 그리기의 설계

본 설계의 절차는 크게 2단계, 즉 현장 활동과 실내 활동으로, 세부적으로는 5단계로 구성하였다(표 10-1 참조). 현장 활동에서는 생태지도 그리기와

표 10-1. 주요 절차

단계	절차	주요 활동
현장 활동	하천의 주요 요소의 관찰 기록	하천 생태 정도 조사
	하천에서 개략적인 생태지도의 구상 및 작성	생태 지도 밑그림 그리기
실내 활동	하천 생태지도를 정밀하게 그리기	생태지도 그리기
	하천 생태 조사 내용의 분석	분석 활동
	하천의 생태 문제 해결 방법 제안	토론 활동

환경 관찰 요소를 조사 기록하는 활동을 주로 한다. 실내에서는 현장의 조사 내용을 바탕으로 이 내용을 분석하고 문제를 찾아내고 문제의 해결방안에 대해서 논의를 하는 활동이 중심을 이룬다.

이 장에서는 하천의 주요 요소의 관찰 경험과 생태지도 그리기 경험을 결합하여 환경문제에 대한 관심과 이해, 그리고 이를 바탕으로 한 문제해결책을 찾도록 하고 있다. 먼저, 하천의 주요 요소의 관찰은 하천의 자연 생태도를 중심으로 실시하였다. 하천의 자연 생태도는 하천이 생태계 요소로서 건강성을 지닌 정도이다. 하천이 자연 생태를 높게 유지할수록 건강한 생태계를 지니고 있다고 볼 수 있다. 학생들이 자연 생태도를 살펴보기 위하여 관찰 요소를 8가지로 구성하였다(표 10-2 참조). 관찰지는 학생들이 하천의 환경을 관찰한 결과에 대해 점수를 주도록 구성하였다. 그리고 학생들은 관찰지를 가지고 하천 현장에 나가서 직접 조사 활동을 수행하였다.

하천의 생태도를 관찰한 후, 이 결과를 바탕으로 하천의 생태도를 판정하도록 하였다. 하천의 평가표는 8항목을 5점 만점으로 총 40점으로 하였다(표 10-3 참조). 그리고 각 8항목별로 구성되어서 등급간 점수차를 8점으로 하여 총 5등급으로 나누었다. 즉, 하천 생태도의 점수가 높을수록 하천의 생태도가 양호한 것으로 판정할 수 있다.

표 10-2. 하천 생태 관찰 항목

조사 항목	관찰 평가 기준 및 판단
물막이 정도	– 보 등의 물막이가 없다: 5점 – 징검다리 형태의 자연석이다: 3점 – 콘크리트로 된 보가 있다: 0점
하천 주변의 식생 정도	– 나무와 풀이 아주 무성하다: 5점 – 나무와 풀이 조금 있다: 3점 – 나무와 풀이 거의 없다: 0점
둑의 모습 정도	– 나무, 풀, 암석으로 된 자연제방: 5점 – 자연제방과 콘크리트제방: 3점 – 콘크리트로 되어 있고 풀과 나무가 없다: 0점
주변의 건물 정도	– 주변에 식당, 건물, 축사 등이 없다: 5점 – 주변에 식당, 건물, 축사 등이 약간 있다: 3점 – 주변에 식당, 건물, 축사 등이 많이 있다: 0점
둔치의 이용 정도	– 자연 상태로 이용되고 있다: 5점 – 절반 이상이 시멘트 포장이나 주차장으로 되어 있다: 3점 – 절반 이하가 시멘트 포장이나 주차장으로 되어 있다: 0점
물길의 상태	– 정비되지 않고 구불구불하다: 5점 – 정비되었으나 구불구불하고 소, 여울이 있다: 3점 – 물길이 정비되어 있어 직선이고 여울, 소가 없다: 0점
하천의 바닥 상태	– 바위, 큰 자갈, 작은 자갈, 모래 등이 나타나는 자연 상태이다: 5점 – 위의 4가지 중에서 2가지 정도만 나타나는 상태이다: 3점 – 더러운 진흙으로 되어 있거나 콘크리트 바닥이다: 0점
수질 상태	– 물장난을 하고 싶을 정도로 맑다: 5점 – 물이 탁하며 냄새가 약간 난: 3점 – 폐수로 보이며 악취가 심하다: 0점

표 10-3. 하천 자연 상태 판정표

총점	등급	하천 생태 정도
40~33점	1	하천 생태계가 자연 상태에 가깝게 유지됨
32~25점	2	하천 생태계가 비교적 양호함
24~17점	3	하천 생태계가 인공물로 훼손되어 있음
16~9점	4	하천 생태계가 심하게 훼손되어 있음
8~0점	5	하천 생태계가 매우 심하게 훼손되어 있음

이 장에서는 생태지도 그리기 방법을 사용하고 있다. 생태지도는 환경을 구성하고 있는 생태적 요소를 중심으로 그린 지도를 말한다. 이 지도는 그 지역의 환경실태를 공간적·종합적으로 나타내고 그 지역의 실태를 한 눈에 파악할 수 있는 가장 기초적이고 효과적인 정보 제공의 역할을 할 수 있다 (양은주·김기대, 2010: 100). 생태지도 그리기는 생태환경의 요소들을 지도의 형식으로 그리는 활동이다. 그래서 생태지도 그리기의 핵심적인 활동은 생태환경 요소를 파악하는 일과 이를 지도로 그리는 활동이다. 생태환경의 요소는 앞에서 살펴본 하천 생태 관찰 항목이 영향을 주고, 지도 그리기 활동은 학생들이 살펴본 관찰 항목을 평면에 기호를 활용하여 그리고 또한 축척을 이용하여 옮겨 놓는 것이 중심이다. 생태지도 그리기는 학생의 수준을 고려하여 작성하였다(표 10-4 참조).

표 10-4. 생태지도 그리기 활동 절차

① 하천을 3지역(상류, 중류, 하류)으로 나누어 하천 생태계를 조사한다.
② 종이 위에 하천의 대략적인 윤곽을 그려 넣는다.
③ 거리는 보폭으로 잰다.
④ 거리를 이동하면서 주변에서 보이는 현상들을 기록지 위에 기록한다.
⑤ 하천의 모습은 제방, 둔치, 수로 등으로 나누어 기록한다.

본 조사를 실시한 학생들은 전주시 S초등학교의 6학년 5명이고, 남학생 2명과 여학생 3명이다. 이들은 담임교사의 협조를 구해서 학급학생 33명 중에서 과학 수업 시간의 환경오염 실태 조사에 가장 적극적으로 임한 경험이 있는 학생들로 구성되었다. 이들은 한 모둠이 되어 하천 생태의 조사활동, 생태지도 그리기 활동과 실내 활동 등을 실시하였다. 이들의 활동에는 담임교사가 동반하였다. 이 활동은 학생들이 수업에 지장을 받지 않는 토요일에 이루어졌다. 활동 시간은 토요일 오후 2시부터 6시까지 2주에 걸쳐서 실시하였다.

하천 생태 조사지역은 전주시의 도심 하천인 전주천이다. 전주천은 전주시의 도심하천으로 상, 중, 하류에 따라서 하천의 환경 생태가 다양하게 나타나고, 하천 오염 정도도 큰 차이를 보이고 있어서 하천 생태를 조사하고 관찰하는 데 적절한 하천이다. 전주천은 전주 도심을 지나서 삼천과 합류하여 만경강으로 유입되는 하천이다. 학생들이 임의적으로 전주천의 상, 중, 하류의 3지점을 선정하여 생태지도 그리기와 생태도 조사를 실시하였다. 하천 관찰의 상류 지점은 전주시 교동의 전주천 승암교 부근, 중류 지점은 전주시 다가교 부근, 그리고 하류 지점은 전주시 금암동의 백제교 부근으로 정하였다. 상류 지점은 전주천이 전주의 도심으로 유입되는 지점이고, 중류 지점은 전주의 남부시장과 완산동, 서학동 등의 주택지구를 지나는 지점이고, 하류 지점은 전주 도심을 관통하며 전주천의 지류인 건산천과 합류하는 지점이다. 이 세 지역을 중심으로 전주천의 하천 생태 조사 활동과 지도 그리기 활동을 실시하였다.

3. 생태지도 그리기 활동의 실제

1) 현장 조사 활동[1]

학생들은 전주천의 상류 지점에서부터 하류 지점으로 이동하면서 하천

---

1) 이 활동은 과학 수업에서 수질오염, 대기오염, 토양오염, 쓰레기 문제 등과 관련된 활동을 공부한 후에 실제 활동을 계획하였다.

〈상류〉

사진 10-1. 상류의 물막이

사진 10-2. 물막이를 살펴보는 학생들

사진 10-3. 하천 주변 생태계 조사

사진 10-4. 하천 오염도 조사

〈중류〉

사진 10-5. 징검다리

사진 10-6. 중류 하천 관찰

사진 10-7. 하천 위의 부유 물질

사진 10-8. 중류의 식생 생태계

〈하류〉

사진 10-9. 백제교 부근 전경

사진 10-10. 하류의 오염도 관찰

사진 10-11. 하류 식생 관찰

사진 10-12. 건산천 합류 부근의 모습

생태와 환경 요소 등을 살펴보았다. 학생들은 전주천의 상류(사진 10-1, 2, 3, 4 참조), 중류(사진 10-5, 6, 7, 8 참조), 하류 지점(사진 10-9, 10, 11, 12 참조)의 생태 환경을 걸으며 관찰하고 하천 모습을 대략적으로 그리는 활동을 실시하였다. 그리고 하천 생태 정도에 관한 관찰 요소, 즉 물막이, 둔치 이용 모습, 하천의 바닥 모습, 하천의 오염 정도 등을 중심으로 하천을 자세히 살펴보며 기록하였다.

2) 실내 활동

실내 활동은 현장 조사활동에서 조사한 내용을 정리하는 활동과 이를 토대로 한 토론 활동이 중심을 이루었다. 먼저, 학생들이 하천 생태를 지점별로 관찰 조사한 결과를 교실 내에서 정리하는 활동을 하였다. 다음으로 하천의 관찰지점에서 촬영한 사진과 하천 스케치로 그린 간단한 생태지도를 교실에서 정교하게 하천 생태지도 그리기를 완성하는 활동을 하였다. 마지막으로 하천 생태 조사를 토대로 작성한 항목별 점수를 통해 상류, 중류, 하류의 하천 생태 정도를 판정하였다.

하천 생태 조사 결과의 종합

학생들이 전주천에서 자신들이 조사한 내용을 바탕으로 상호 논의를 통하여 관찰 지점별 구체적인 조사 결과를 정리하였다. 먼저, 전주천 상류 지점의 하천 생태를 살펴보았다.

① 둔치에 콘크리트로 된 산책로가 없고, 자연 그대로의 나무, 풀 등이 많았다. 또한 도심 지역이 아니기 때문에 주민들이 둔치를 밭으로 이용하고 있어 자연 그대로의 하천 모습을 보여 주었다.

② 이 지점은 도심 지역이 아니어서 주변에 건물이 별로 없고, 사람들이 산책을 하러 내려오지 않아서인지 물속에 있는 바위, 큰 자갈, 작은 자갈, 모래 등이 제 모습으로 선명하게 보였다.

③ 물이 깨끗하고 선명하여 먹고 싶을 정도로 맑다는 생각이 들었고, 냄새가 전혀 나지 않았다.

④ 주변에 다양한 식물들이 자라고 있어 생태체험 장소로 좋을 것 같았다.

⑤ 물막이가 콘크리트로 되어 있는 모습은 자연의 모습을 깨뜨리는 것 같

았다. 물막이를 징검다리와 같은 자연석으로 바꾸어 놓으면 자연의 모습이 더욱 잘 드러날 것 같다.

다음으로 전주천의 중류 지점의 하천 생태를 살펴보았다.

① 징검다리 형태의 자연석 물막이가 있고 둔치에 콘크리트 오솔길이 있어서 사람들이 산책로로 자주 활용하고 있었다.

② 둔치는 절반 이하가 콘크리트 오솔길이었지만 억새와 다양한 종류의 식물들이 있어서 식물 생태 체험학습 장소로 좋을 것 같았다.

③ 물길은 정비되었으나 구불구불하였다.

④ 바위, 큰 자갈, 작은 자갈, 모래 등이 하천의 바닥에서 발견되었으나 돌에 이끼가 많이 끼어 있어서 선명하게 보이지는 않았다.

⑤ 물에 이끼가 많이 끼어 있어 약간 탁해 보였지만 냄새는 거의 나지 않았다.

⑥ 산책로에 쓰레기통이 없어서인지 산책로 주변에서 쓰레기가 발견되었다.

⑦ 주변에 쓰레기를 버리지 말라거나 자연을 사랑하자는 등의 표지판이 발견되지 않았다.

마지막으로 전주천 하류 지점의 하천 생태를 살펴보았다.

① 징검다리 형태의 자연석이 있었는데 그 밑에는 철조망으로 된 물막이가 함께 있었고, 그곳에 이끼와 부유 물질이 많이 끼어 있었다.

② 둔치는 나무, 풀 등의 자연의 모습과 함께 콘크리트 오솔길이 함께 있어서 산책로와 운동 공간으로 이용되고 있었다.

③ 자연 제방이었지만 물길이 정비되어 있었다.

④ 하천의 바닥은 이끼와 진흙 등으로 이루어져 있어서 바닥이 잘 보이지 않았다.

⑤ 징검다리 쪽의 물에서는 냄새가 조금 났지만 건산천과 물길이 합쳐지는 쪽에서는 냄새가 많이 났고, 쓰레기도 발견되었다. 건산천 주변의 진덕교를 지날 때 사람들이 쓰레기를 많이 버리고 있었고, 생활하수가 흘러들었다.

⑥ 전주천과 건산천이 합쳐지는 부근에 콘크리트 물막이가 있었는데 물이 빠져나오는 구멍이 없어서 쓰레기와 부유물질이 물막이 주변에 잔뜩 고여 있었다.

⑦ 주민들이 이용하는 산책로에 쓰레기통이 없어서 쓰레기가 산책로와 물 위 곳곳에서 발견되었다.

⑧ 주변에 생태지도 표지판은 발견되었으나 쓰레기를 버리지 말라거나 자연을 사랑하자는 등의 표지판은 발견되지 않았다.

생태지도 그리기 활동

학생들은 위에서 관찰한 내용과 관찰지점에서 작성한 간략한 지도를 토대로 상, 중, 하류의 환경 생태지도를 그렸다. 학생들은 관찰 시작 지점에서 약 100보 지점까지를 중심으로 생태지도를 작성하였다. 생태지도는 주로 하천의 하도, 둔치, 하천제방, 하천 내의 인공구조물과 식생을 중심으로 작성되었다. 학생들의 지도는 주로 기호와 실물 그림을 가지고서 대상을 지도화하였다. 그래서 지도화 수준으로는 완전한 기호화가 이루어지지 않았다.

상류의 생태지도(그림 10-1 참조)의 경우, 하천의 보와 물길, 콘크리트로 건설된 어도, 둔치의 식생인 억새와 풀, 나무 등을 지도에 그렸다. 그리고 대상들은 가능한 자세하게 실물에 가깝게 그렸다. 중류의 생태지도(그림 10-2 참조)는 하도, 하천을 가로지르는 징검다리, 둔치의 산책로, 억새, 계단, 제방, 하상의 자갈 등을 그렸다. 그리고 우수 관로의 입구도 그렸다. 하천의 하상 자갈은 그 크기에 따라서 규모를 달리하며 그렸다. 그리고 하류

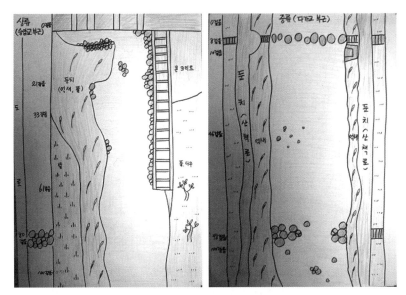

그림 10-1. 상류의 하천 생태지도   그림 10-2. 중류의 하천 생태지도

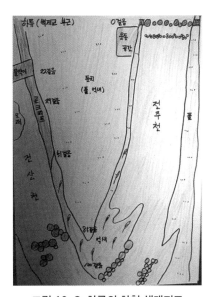

그림 10-3. 하류의 하천 생태지도

의 생태지도(그림 10-3 참조)는 전주천과 건산천의 하도와 합류 하도, 둔치의 풀, 억새, 운동시설, 보, 모래톱, 하상의 자갈, 징검다리, 계단, 제방, 콘크리트 옹벽 등을 그렸다. 학생들은 하천의 모양, 식생, 인공구조물 등을 관심 있게 지도화하였고, 관찰대상을 가능한 한 사실적으로 그려 놓고 있었다. 이 점은 학생들의 지도화 수준이 연령에 비해서 높지 않았다고 판단할 수 있으나, 학생들이 지도라는 표현 수단보다는 환경 생태 대상의 관찰에 초점을 둔 결과로 나타난 것으로 판단된다. 학생들은 하도의 형태, 둔치, 제방 등을 자세히 기록한 반면, 하천의 식생에 대해서 단순하게 관찰하고 있었다. 이것은 하천의 식생이 상대적으로 다양하지 못한 데서 비롯된 것으로 생각된다. 그리고 학생들은 보폭을 이용하여 관찰지점까지의 축척을 사용함으로써 상, 중, 하류의 관찰지역을 비교할 수 있게 했다. 축척은 주로 하도의 길이를 중심으로 이루어진 반면, 강폭의 거리는 제시되지 않았다.

하천 생태 평가

전주천의 하천 상태 정도를 하천 생태 조사표를 바탕으로 평가하였다. 이를 바탕으로 전주천의 하천 생태 정도를 조사한 결과, 전주천의 상류 지점은 33점으로 1등급, 중류 지점은 22점으로 3등급, 그리고 하류 지점은 19점으로 3등급으로 나타났다. 이를 통해서 볼 때, 전주천의 상류지역은 자연 상태

표 10-5. 관찰 지점의 하천 생태 평가 결과

항목 지점	물막이	주변 식생	둑의 모습	주변 건물	둔치 이용	물길	하천 바닥	물의 상태	합계
상류	0	5	5	4	5	5	5	5	33
중류	3	5	3	0	3	3	3	2	22
하류	3	5	3	0	3	3	1	1	19

어린이의 지리학

가 잘 보존되어 있고 하천 오염이 나타나지 않은 반면, 전주천의 중류와 하류 지점은 물막이와 둑의 설치, 하천 주변의 음식점이나 대형건물 등으로 인해 하천 오염이 상류에 비해서 심한 것으로 나타났다.

하천 생태계를 위한 해결책 논의

먼저 1등급으로 판정한 전주천의 상류 지점은 해결책에 관한 논의에서 제외하기로 하였다. 그리고 중류와 하류 지점의 하천 생태에 대한 해결책을 중심으로 논의를 하였다. 이 논의는 학생들이 자신들의 생각을 발표하고, 이에 대한 보충 논의 등을 더하면서 진행되었다. 그리고 전주천 전체의 생태 하천으로서 복원을 위한 방안을 제시하였다. 여기서는 그 논의 결과를 중심으로 제시하였다.

먼저, 중류 지점의 하천 생태를 위한 해결책을 다음과 같이 제시하였다.

① 학생들은 산책로를 이용하는 주민들이 쓰레기를 물에 버리는 것을 막기 위해 산책로에 쓰레기통을 설치한다.

② 이끼가 없어져 물이 선명하게 보이도록 이끼를 먹는 생물을 많이 살게 한다.

③ 이끼가 증가하지 않도록 물속에 물풀을 많이 심는다.

④ 물속의 물고기들에게 먹이를 주지 않도록 하고, 쓰레기를 버리지 않도록 하는 표지판을 세운다.

그리고 하류 지점의 하천 생태를 위한 해결책을 다음과 같이 제시하였다.

① 산책로를 이용하는 주민들이 쓰레기를 물에 버리는 것을 막기 위해 산책로에 쓰레기통을 설치한다.

② 전주천과 건산천의 물길이 합쳐지는 곳에서 건산천의 쓰레기와 생활하수 등 때문에 악취가 많이 난다. 건산천에 쓰레기와 생활하수 등이 버려지

지 않도록 하는 의식 지도가 필요한 것 같다.

③ 건산천의 물막이를 콘크리트가 아닌 징검다리로 바꾸어 주어 물이 잘 흐르도록 하면 건산천과 전주천의 하천이 합쳐지는 곳의 악취가 줄어들 것 같다.

④ 이끼가 없어져 물이 선명하게 보이도록 이끼를 먹는 생물을 많이 살게 한다.

⑤ 이끼가 증가하지 않도록 물속에 물풀을 많이 심는다.

⑥ 물속의 물고기들에게 먹이를 주지 않도록 하고, 쓰레기를 버리지 않도록 하는 표지판을 세운다.

또한 학생들은 전주천의 하천 생태 복원을 위한 방안으로 4가지를 제시하였다.

① 전주천의 중류와 하류 부근에 쓰레기통을 설치하여 둔치를 이용하는 사람들이 쓰레기를 하천에 그냥 버리는 일이 없도록 한다.

② 이끼가 없어지도록 물속에 수초를 많이 심고, 이끼를 먹는 물고기들을 살게 한다.

③ 물속의 물고기들에게 먹이를 주지 않도록 하고, 쓰레기를 버리지 않도록 하는 표지판을 세운다.

④ 건산천과 전주천이 합쳐지는 지역의 물막이를 징검다리로 바꾸고, 주변에 쓰레기와 생활용수가 버려지지 않도록 한다.

4. 결론

학생들은 하천 생태의 관찰과 생태지도 만들기를 통하여 하천의 문제를

어린이의 지리학

해결해 보는 활동을 하였다. 학생들은 하천 생태 체험을 통하여 하천 생태의 모습을 직접 관찰할 수 있는 경험을 하였다. 그리고 그 경험에서 도심 하천의 중요성을 인식하는 계기를 가졌다. 또한 하천이 상류에서 하류로 가면서 그 오염도가 심각해지고 있음을 확인할 수 있었다. 학생들의 하천 관찰 평가를 토대로 보면, 전주천의 상류 지점은 1등급인 반면, 중하류는 3등급으로 판정하였다. 이를 통해 보면, 하천이 도심을 통과하면서 인간의 간섭이 증가함에 따라서 그 오염도가 높아지고 있음을 확인할 수 있었다. 그리고 이 하천 생태의 현상을 조사 관찰하여 이를 정리하고, 지도라는 형태로 옮겨봄으로써 하천 생태의 소중함과 그 파괴를 함께 살펴볼 수 있는 체험을 하였다. 이를 통해서 학생들이 환경 문제의 해결책을 보다 현실적이고 실천적인 측면에서 제시할 수 있는 능력을 신장시킬 수 있었다. 이 점은 학생들의 면담에서도 확인할 수 있었는데, 활동을 마친 후에 학생들을 집단 면접한 결과, 학생들은 "내가 살고 있는 지역의 하천 오염이 심각하다."는 사실을 인식하게 되었다고 말했다. 그리고 "하천 오염을 방지하기 위해 노력하겠다."는 태도를 적극적으로 나타내기도 하였다. 학생들은 "하천 오염을 줄이기 위해 평소에 샴푸와 세제 등을 적게 사용하고, 물을 아껴 쓰도록 노력하겠다."는 실천 태도를 보이기도 하였다.

학생들은 생태지도 그리기, 그리고 자신이 관찰한 바를 통하여 교실에서의 학습 내용과 실제 자연에서의 환경 관찰 내용을 일치시킬 수 있었다. 이 점은 환경에 대한 학생들의 지식과 실제 환경에서의 결합을 통하여 환경 교육에 대한 구성주의적 능력을 함양할 수 있다. 그리고 학생들이 단순하게 환경보호에 대한 소중함을 이해하는 것을 넘어서 환경 문제에 대한 실질적인 해결책을 제시할 수 있는 능력을 기를 수 있을 것으로 사료된다. 학생들은 지속적인 환경 지역을 조사 관찰함으로써 환경문제를 보다 자기 문제화할 수 있을 것으로 생각된다. 이런 활동은 학생들이 환경문제를 인식하는 주체로서 자기 역할을 적극적으로 수행할 수 있도록 해줄 수 있다. 또한 하천 생태 생태관찰과 생태지도 그리기는 방과 후 활동이나 현장학습 시에도 적극적으로 활용하여 학생들의 환경감수성을 기를 수 있도록 할 필요가 있다.

어린이의 지리학

제11장

–

초등학교와 중학교의 지리 어휘 비교

–

1. 서론

사람들은 많은 어휘를 사용한다. 어휘의 사용은 어휘를 알고 이해함을 전제로 한다. 우리가 사용하는 어휘는 일상생활이나 학교교육 등을 통하여 습득해간다. 특히 학교교육에서는 학생들의 지적 능력을 신장시키는 데 있어서 어휘가 중요한 매개가 된다. 어휘를 많이 아는 경우에는 교과서 내용을 보다 잘 이해할 수 있음으로써 학생들의 학습에 영향을 줄 수 있다. 또 한편으로는 학교교육을 통하여 학생들이 살아가는 데 필요하거나 최소한의 지적 사고를 하는 데 필요한 어휘를 가르친다. 학교교육에서는 이런 어휘들을 교과수업을 통하여 제시하고 학습하도록 한다. 교과수업의 중요한 수단은 교과서다. 학생들은 교과서 안에 제시된 어휘들을 매개로 하여 그들의 지적 능력을 확장해 간다. 그러나 교과서에서 제시하고 있는 어휘의 수준은 학생들의 지적 활동을 자극할 수도 있고 저해할 수도 있다. 학생들의 지적 발달 수준이나 근접발달 영역 안에서의 어휘 제시는 학생들의 이해를 증진시킬 수 있으나, 이를 벗어나는 수준의 어휘 제시는 학생들의 학습에 무리를 주어 학습의욕을 떨어뜨릴 수도 있다. 이런 면에서 볼 때, 학생들의 지적 능력 수준에 걸맞게 교과서의 어휘 수준이 구성되고 적절한 어휘의 제공이 이루어지고 있는가를 살펴보는 일은 매우 중요한 의미를 갖는다. 특히 어휘 능력이 급격히 발달하는 초등학교 고학년 학습자들이나 중학교 학습자들(박붕배, 1975; 김저옥, 2004: 2, 재인용)은 어휘를 학습하고 이해하기가 다른 연령에 비해 비교적 쉬운 시기이므로 이 시기의 어휘학습이 학습자들의 어휘 발달뿐만 아니라 교과 학습에도 큰 영향을 끼치게 된다. 사회과 주요영역인 지리 과목도 마찬가지다. 초·중·고등학교 교육을 통하여 균형 있게 제시되고 있는 사회과 지리 과목은 많은 지리 어휘들을 제시해 주고 있다. 교육과정 상에서 초·중·고등학교의 지리 과목은 서로 유기적인 연계를 가지고서 제시되기에 그 교과서 내용도 서로 독립적인 모습이 아닌 상호 연계되어 제시되어야 한다.

이 어휘 관련 분야의 연구는 주로 국어교육 분야에서 이루어지고 있는데, 크게 교과서 어휘 양상에 관한 연구와 어휘력 신장에 관한 연구 등으로 나누어진다. 교과서 어휘 양상에 관한 연구를 중심으로 선행연구를 살펴보면, 이 분야의 주요 연구로는 학습용 기본어휘 추출(이응백, 1972; 박붕배, 1975), 어휘들의 사용 빈도와 학기별 어휘 증가량 분석(박붕배, 1975), 영역별 어휘 분류(임지룡, 1991; 이충우, 1996; 진태경, 2001; 현미자, 2003; 김저옥, 2004), 어휘의 등급별 분포와 타당도 분석(김광해, 2003), 그리고 교과서의 어휘 분석(최숙자, 2004; 최순주, 2003) 등이 있다. 이 연구들로 보면, 학습용 기본 어휘와 교육과정에 따른 학교 급별 교과서의 어휘 양상에 대한 연구가 주를 이루고 있음을 알 수 있다. 그러나 기존 연구는 국어의 어휘 목록 작성 및 특성을 양적으로 분석하는 데 중점을 두고 있어서 구체적으로 수업이 행해지는 교과 어휘에 대한 분석이 부족하여 교과의 교과서 구성이나 내용 개선에는 큰 도움을 주지 못하고 있다. 지리 교육 분야에서도 학교 급별 지리 교과서의 어휘 수준이 단계적으로 구성되어 있는지에 대한 기초연구가 이루어지지 않고 있다. 따라서 본 장에서는 초등학교와 중학교의 지리 교과서에 제시되어 있는 어휘들을 개별 어휘 수와 연 어휘 수, 고빈도 어휘, 저빈도 어휘, 분야별 어휘, 어휘 서술 양상 등을 중심으로 비교 분석하고자 한다. 이를 위하여 초등학교 사회과 세계지리 영역과 중학교 사회과 세계지리[1] 영역을 대상으로 하고자 한다.

2. 연구 설계

여기서는 초등학교 사회 교과서(6학년)와 중학교 사회 교과서(1학년) 중의 검인정 교과서 1종을 분석 대상으로 하였다. 이를 위한 구체적인 연구 내용은 다음과 같다.

첫째, 기초적인 언어학적 비교 분석을 하였다. 초등학교 사회 교과서와 중학교 사회 교과서의 세계지리 영역에 출현한 모든 어휘[2]를 조사하여, 이 어

---

1) 분석 대상을 세계지리 영역으로 제한한 것은 초등학교 6학년과 중학교 1학년의 지리 분야를 비교하는 데 있어서 두 학년에서 공통적으로 다루어지고 있는 내용이 세계지리이기 때문이다. 여기서는 두 학년의 세계지리 전 영역을 분석 대상으로 하고 있다. 다만, 교과서 서술 양상에 대한 분석은 분석의 편의를 위하여 동부아시아 단원으로 한정하였다.

2) 어휘란 낱말들의 무리로서 집합의 개념을 가지고 있다. 한자어에서 어휘의 '휘'는 '무리 휘(彙)'라는 한자를 사용하는데 이를 통해 '어휘'라는 단어에 '무리' 또는 '집합'의 개념이 포함되어 있음을 알 수 있다. 김광해(1993)는 '어휘'는 집합 개념으로 낱말들의 무리를 가리킨다고 하였고, 이재승(1996)은 '어휘'를 일정한 범위에서 사용되는 낱말들의 집합이라고 하였다. 이

휘들의 총 빈도수를 분석하였다. 그리고 이 어휘들을 개별 어휘 수와 출현한 개별 어휘 수3)의 총합인 연 어휘 수4)로 분류하여 그 양상을 분석한다. 둘째, 교과서별로 조사한 어휘 목록의 빈도수5)를 정리한 후, 20위 안에 든 고빈도 어휘와 1, 2회만 출현한 저빈도 어휘로 분류하여 그 특징을 비교·분석하였다. 셋째, 분야별 분석을 실시하였는데, 이 분석은 지리 어휘를 중심으로 이루어졌다. 교과서별 어휘 목록을 1등급, 2등급, 3등급, 4등급, 그리고 5등급 이상의 어휘6)로 분류하여 비교·분석하였다. 넷째, 어휘의 서술에 대해 살펴보았다. 초등학교와 중학교의 사회 교과서 중에서 동부아시아 단원을 중심으로 교과서 기술면에서 어휘의 사용 실태를 비교·분석하였고, 교과서별로

를 통해 알 수 있는 '어휘'의 정의는 일정한 범위 안에서 인간이 사용하는 단어의 집합으로서, 무리의 개념을 포함하고 있음을 알 수 있다. 여기에서는 '어휘'라는 용어를 집합적 의미로 사용하고자 한다.

3) 조사 대상 자료에 개별적으로 출현한 어휘만을 헤아린 수를 의미한다. 중복되어 출현한 어휘는 그 수에 포함되지 않는다.

4) 조사 대상 자료에 출현한 모든 어휘를 헤아린 수를 의미한다. 개별 어휘가 중복되어 출현한 수까지 모두 헤아린 수로서 총 어휘 수를 말한다.

5) 하나의 개별 어휘가 조사 대상 자료에 출현한 횟수이다.

6) 이의 분석은 김광해(2003)의 국어교육용 분류 기준을 바탕으로 이루어졌다. 그는 어휘 등급을 7단계로 구분하였으나, 본 연구에서는 1, 2, 3, 4, 5등급 이상으로 분류하였다. 여기서 등급이 높아질수록 어휘가 일상 언어에서 전문 어휘로 나아감을 의미한다. 구체적인 내용은 아래 표를 참조하기 바란다.

어휘량	누계	등급	개념
1,845	1,845	1	기초 어휘
4,245	6,090	2	정규 교육 이전
8,358	14,448	3	정규 교육 개시 – 사춘기 이전, 사고 도구어 일부 포함
19,377	33,825	4	사춘기 이후 – 급격한 지적 성장, 사고도구어 포함
32,946	66,771	5	전문화된 지적 성장 단계, 다량의 전문어 포함
45,569	112,340	6	저빈도어: 대학 이상. 전문어 (기존 계량 자료 등장 어휘+누락어 14,424어 추가)
125,670	238,010	7	누락어: 분야별 전문어, 기존 계량 자료 누락 어휘

같은 어휘를 서술하는 방식의 차이를 살펴보았다.

이 교과서의 어휘를 분석하는 데 있어서 중요한 요소는 그 교과서 내의 어휘를 세는 기준이다. 이 장에서는 다음과 같은 기준으로 초등학교와 중학교의 지리 교과서에 출현하는 어휘를 분석하였다. ① 교과서의 내용 중 본문, 제목, 학습 안내, 말 주머니와 같이 학습 활동과 관련된 어휘 모두를 조사 대상에 포함시킨다. 이 과정에서 표와 지도, 그림에 나타나는 어휘는 분석 대상에 포함시키지만, 사진 속에 출현한 어휘는 포함시키지 않는다. 그리고 '선택학습', '활동1'과 같이 단원마다 반복하여 출현하는 어휘는 분석 대상에서 배제한다. ② 연도, 숫자, 단원을 가리키는 번호 등의 아라비아 숫자는 분석 대상에서 제외한다. 그러나 학습 내용의 서술을 위해 출현한 숫자, 예를 들어, '6·25 전쟁'은 '육이오 전쟁'으로 수정하여 조사한다. ③ 인명과 지명은 조사 대상에서 제외한다. ④ 띄어쓰기 분석은 「표준국어대사전」(국립국어연구원, 2002)의 기준을 따른다. ⑤ 내용어만을 분석 대상으로 하고, 조사(助詞)와 같은 기능어는 분석 대상에서 제외한다. ⑥ 어휘의 기본형을 기준으로 하여 조사한다. 예를 들어, '공부했다'는 '공부하다'로, 그리고 '예쁜'은 '예쁘다'로 조사한다. ⑦ 동음이의어의 경우, 「표준국어대사전」에 따라 어휘 뒤에 숫자7)를 붙여 조사한다. ⑧ 보조 용언이 본 용언과 합하여 하나의 의미를 이루고 있는 경우, 「표준국어대사전」에 나와 있는 어휘만을 인정하고, 여기에 나와 있지 않은 어휘는 분리하여 조사한다. ⑨ 준말은 기본 어휘를 중심으로 조사한다. ⑩ '산업 지대', '공업 지역'과 같이 일상생활 속에서 하나

---

7) 「표준국어대사전」(국립국어연구원, 2002)에서는 동음이의어를 어휘 뒤에 숫자를 붙여 어휘를 구분하고 있다. 예를 들어, '있다'의 경우, 2개의 동음이의어가 있기 때문에 '있다01'과 '있다02'로 구분된다. 본 연구에서는 어휘 뒤에 이 숫자를 붙이는 기준을 앞의 사전에 배열되어 있는 기준에 따르고자 한다.

의 의미로 굳어져서 사용되는 어휘는 하나의 어휘로 조사한다.

그리고 조사 방법으로는 두 교과서에 출현한 어휘를 쪽수별로 조사하여 엑셀 프로그램에 저장한 후, 이를 다시 단원별로 분류하여 단원별 어휘 목록을 정리하였다. 그리고 각 단원별로 출현한 어휘들을 초등학교 사회 교과서의 어휘 목록과 중학교 사회 교과서의 어휘 목록으로 각각 정리한 후, 엑셀 프로그램을 활용하여 개별 어휘 수, 연 어휘 수, 어휘별 빈도수, 고빈도 어휘 순위, 저빈도 어휘 목록을 분석하였다. 또한 개별 어휘의 등급과 분야별 어휘 목록을 바탕으로 하여 동부아시아 단원을 대상으로 분야별 어휘 목록과 어휘 서술을 분석하였다.

3. 세계지리 어휘의 비교 분석

1) 언어학적 비교 분석

연 어휘 수와 개별 어휘 수

초등학교 교과서와 중학교 교과서에 출현한 어휘를 대상으로 하여 학년별 개별 어휘 수와 연 어휘 수를 살펴보았다(표 11-1, 그림 11-1 참조).

초등학교 교과서의 세계지리 영역에 출현한 개별 어휘 수는 1,281개이며, 연 어휘 수는 4,400개로 조사되었다. 이에 반해 중학교 교과서에 출현한 개별 어휘 수는 2,865개이며, 연 어휘 수는 14,434개로 나타났다. 개별 어휘 수와 연 어휘 수를 비교하면, 중학교 교과서에 출현한 개별 어휘 수는 초등학교 교과서의 개별 어휘 수에 비해 2.24배, 그리고 연 어휘 수는 3.28배로 나타났다.

표 11-1. 개별 어휘 수와 연 어휘 수 비교

(단위: 개)

	초6	중1	비율
개별 어휘 수	1,281	2,865	1: 2.24
연 어휘 수	4,400	14,434	1: 3.28

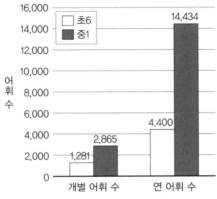

그림 11-1. 개별 어휘 수와 연 어휘 수 비교

초등학교에 비해서 중학교 교과서의 개별 어휘 수가 2.24배 더 많이 출현
한 것은 학년이 높아짐에 따라 학습해야 할 세계지리의 개념과 정보가 더욱
많아지는 데서 연유하고 있다. 예를 들어, 초등학교 교과서에는 '강01[8]), 사
막04, 산맥01' 등의 쉬운 지리 어휘가 많이 출현하는 반면, 중학교 교과서에
는 기초적인 지리 어휘 외에도 '치남파, 카나트, 타이가, 툰드라' 등 전문적
인 지리 어휘가 다수 출현하여 개별 어휘 수가 더욱 증가하고 있음을 볼 수
있다.

---

8) 우리말에는 '강'에 관한 동음이의어가 여러 개가 존재하는데, 이를 구별하기 위하여 「표준국
어대사전」(국립국어연구원, 2002)에 '강'이라는 어휘 뒤에 숫자를 부여해 놓고 있다. 여기서
'강01'은 지리 교과서에 출현한 '강'이라는 어휘가 이 사전의 '강01'에 해당하는 어휘라는 의미
이다. 보통 어휘 뒤의 숫자가 낮을수록 일상 어휘에 가깝고, 높을수록 일상생활에서 잘 쓰이
지 않는 어휘이다.

연 어휘 수는 초등학교 교과서에 비해 중학교 교과서에 3.28배 더 많이 출현하였는데, 이런 결과는 세계지리 영역의 학습 분량이 초등학교 교과서에서는 44쪽인 반면 중학교 교과서에서는 82쪽으로 약 2배 증가하면서 중학교 교과서에서 다루는 연 어휘 수가 더욱 많아진 것으로 볼 수 있다. 이처럼 단순히 교과서 분량만으로 살펴보면, 중학교는 초등학교에 비해서 2.00배가 증가해야 하지만, 실제 교과서의 어휘 수는 그보다 1.28배가 더 증가하였다. 또한 이런 결과는 교과서의 내용구조상 초등학교의 경우 문자언어로 된 내용이 중학교 교과서에 비해서 상대적으로 적은, 다시 말하여 초등학교 교과서가 그림이나 사진 등의 그래픽 내용이 많이 차지하고 있는 데서도 찾아볼 수 있다. 그러나 개별 어휘 수와 연 어휘 수의 증가율은 앞에서 지적한 점을 감안하더라도 그 증가비율이 매우 높다고 볼 수 있다. '나이에 따른 어휘 증가량'(박붕배, 1975)을 기준으로 살펴보면, 초등학교 6학년인 13세 아동의 어휘 수준이 31,240어이고, 중학교 1학년인 14세 아동의 어휘 수준이 36,229로 그 비율은 약 1:1.16이다. 이를 기준으로 보면, 초등학교와 중학교의 세계지리의 개별 어휘 수와 연 어휘 수의 증가 비율은 지나치게 높다고 볼 수 있다. 이와 같이, 국어 교육에서 제시하고 있는 기준보다 높은 비율로 개별 어휘 수와 연 어휘 수를 제시할 경우 학생들은 지리 교과서를 토대로 한 지리 학습에 어려움을 느낄 수 있다.

고빈도와 저빈도 어휘

초등학교와 중학교 교과서의 세계지리 영역에 출현한 어휘 중에서 출현 빈도수가 높은 상위 20위까지의 고빈도 어휘(표 11-2), 그리고 한두 번만 사용되는 저빈도 어휘(그림 11-2)를 분류하고 이를 살펴보았다. 그리고 이 순위를 국어연구소(1988, 최숙자, 2004: 32에서 재인용)에서 제시한 일상생

어린이의 지리학

표 11-2. 고빈도 어휘 비교

	초6	중1	국어연구소
1	있다01 (201)	있다01 (453)	있다
2	나라01 (119)	들09 (311)	하다
3	들09 (96)	지역03 (225)	것
4	우리나라 (83)	보다01 (191)	보다
5	하다01 (72)	이05 (170)	그
6	세계02 (68)	하다01 (145)	되다
7	보다01 (66)	등05 (136)	이
8	등05 (54)	년02 (118)	사람
9	여러 (50)	많다 (106)	우리
10	지구촌 (44)	나라01 (100)	수
11	많다 (35)	및 (96)	없다
12	수02, 이05 (33)	발달하다, 인구01 (76)	않다
13	문제06 (29)	것01 (72)	나
14	위하다01 (27)	공업01 (67)	말
15	그01, 사람, 지역03 (26)	자원04 (66)	글, 때
16	대하다02, 생활, 우리03 (25)	곳01, 도시03 (65)	글, 때
17	관계05 (24)	기후05, 세계02 (64)	다음
18	것01, 발달, 세계지도 (23)	높다 (62)	무엇
19	되다05, 모습01 (22)	그01 (59)	주다
20	자료03 (20)	농업, 문제06 (58)	한
계	28	24	20

활에서 자주 이용되는 어휘와 비교하였다.

초등학교 교과서와 중학교 교과서에서 가장 높은 고빈도 어휘는 '있다01' 이다. 그리고 두 교과서에 공통적으로 20위 안에 포함된 어휘들은 '있다01, 하다01, 보다01, 등05, 이05, 그01, 것01, 나라01, 들09, 등05, 많다, 문제06, 세계02, 지역03' 등의 14개 어휘다. 국어연구소에서의 순위와 같이 '있다',

표 11-3. 고빈도 어휘 중 일상 어휘와 지리 관련 어휘 수의 비교 ( ): %

	초6	중1
일상 어휘 수	22(79)	17(71)
지리 관련 어휘 수	6(21)	7(29)
합계	28(100)	24(100)

'하다' 등이 많이 사용된 것은 문장 기술의 종결어로 사용되기 때문이고 초등학교에 비해서 중학교에서 이들이 보다 많이 사용된 것은 문장 기술량이 많은 데서 비롯되었다. 그리고 고빈도 어휘에 '나라01, 세계02, 지역03, 문제06'는 세계의 여러 나라를 서술하기 위해 자주 출현하고 있다. 그리고 상위 20위 고빈도 출현 어휘를 다시 일상 어휘와 지리 관련 어휘로 분류하였다(표 11-3 참조).

초등학교 교과서의 상위 20위의 고빈도 어휘는 총 28개이고, 그 중에서 일상 어휘는 22개, 지리 관련 어휘는 6개로 나타났다. 지리 관련 어휘는 21%이고, 그 어휘는 '나라01, 우리나라, 세계02, 지구촌, 지역03, 세계지도' 순이다. 그리고 중학교 교과서의 경우, 총 24개 어휘이며 그 중에서 일상 어휘는 17개(71%), 지리 관련 어휘는 7개(29%)로 나타났다. 지리 관련 어휘는 '지역03, 나라01, 인구01, 자원04, 도시03, 기후05, 세계02' 순이다. 이를 보면, 초등학교 교과서의 지리 관련 어휘는 세계지리 정보에 관한 어휘가 중심을 이루고 있고, 중학교 교과서는 세계지역의 계통지리를 담아낼 수 있는 주제중심의 어휘가 주를 이루고 있음을 볼 수 있다. 이런 차이는 초등학교의 세계지리가 사실 중심의 지역지리가 주를 이룬 반면, 중학교는 지역지리의 사실을 포함한 계통지리 중심으로 교과서의 기술이 이루어지고 있기 때문이다.

다음으로 세계지리 영역에서 단 1회나 2회 출현하는 저빈도 어휘를 살펴

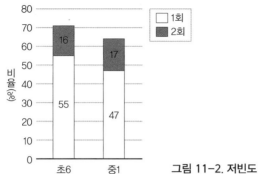

그림 11-2. 저빈도 어휘 수와 출현 비율 비교

보았다.

초등학교 교과서에서 1회 출현한 어휘는 712개로 전체 개별 어휘 수의 약 55%를, 그리고 2회 출현한 어휘는 199개로 전체 개별 어휘 수의 약 16%를 차지하고 있다. 이 저빈도 어휘 수는 총 911개로 전체 개별 어휘 수의 약 71%를 차지하고 있다. 그리고 중학교 교과서에 1회 출현한 어휘는 1,350개로 전체 개별 어휘 수의 약 47%를, 그리고 2회 출현한 어휘는 490개로 약 17%를 차지하고 있다(그림 11-2 참조). 이들을 합하면, 초등학교와 중학교 교과서의 저빈도 어휘는 각각 71%, 64%를 차지하고 있다. 이 비율로 보면 초등학교가 중학교에 비해서 저빈도 어휘의 비율이 높게 나타났다는 것을 알 수 있다. 이런 현상은 초등학교와 중학교의 세계에 관한 지리적 사실 정보를 많이 소개하는 데서 비롯된 것으로 볼 수 있다. 이는 상대적으로 개념 중심의 내용 서술이 적게 나타나고 있음을 보여 준다. 저빈도 어휘는 일상적으로 많이 사용되는 어휘도 있었고, 지리 영역의 전문 어휘들도 나타났다. 예를 들어 '계획01(2회 출현)'이나 '가치06(1회 출현)'와 같은 일상 어휘, '경선05(2회 출현)'이나 '동남아시아 국가 연합(1회 출현)'과 같은 지리 어휘가 그 대표적인 사례이다.

이러한 결과로 보면, 두 교과서 간에 약간의 차이가 있지만 1, 2회성의 저빈도 어휘가 교과서 어휘의 대부분을 차지함을 알 수 있다. 지리 교과서의 단원 내용이 달라짐으로 인하여 새로운 어휘들이 제시되어야 함은 당연한 이치지만, 지리 교과서에서 새로운 어휘들이 계속적으로 제시되고 있음은 지리 교과서가 내용의 구조에 있어서 개념 중심으로 서술되지 않고 있음을 보여 준다. 이와 같이 저빈도 어휘가 지리 교과서의 높은 비중을 차지함은 지리 교과서가 단순한 지리적 사실에 관한 정보를 너무 많이 담고 있음을 의미한다. 학습자들의 입장에서는 저빈도 어휘의 높은 출현은 지리 교과서의 내용에 대한 이해도를 떨어뜨릴 수 있으며 그들이 기억할 학습량을 증가시키는 결과를 가져올 수 있다. 이런 현상은 지리 과목이 다른 과목에 비해서 이해를 요구하는 과목이 아니라 단순히 암기할 내용이 많은 암기 과목으로서 인식을 높이게 되는 요인이 되기도 한다. 특히 이런 점은 중학교에서 지리 교사나 사회 교사들이 지리를 가르치는 데 있어서 새로운 어휘에 대해서 낱말의 뜻풀이를 해 주는 데 많은 에너지를 낭비하게 하는 요인을 제공할 수도 있다.

등급별 어휘

초등학교 교과서에서는 1등급 어휘가 38%로 가장 많이 출현하였고, 그 뒤를 이어 2등급 어휘 23%, 3등급 어휘 19%, 5등급 이상 어휘 11%, 4등급 어휘 9% 순으로 출현하였다. 그리고 중학교 교과서에서는 초등학교 교과서와 마찬가지로 1등급 어휘가 26%, 3등급 어휘 23%, 2등급 어휘 20%, 5등급 이상 어휘 17%, 4등급 어휘 14% 순으로 출현하였다(그림 11-3 참조). 1등급 어휘로 일상생활에서 활용도가 높고 빈번하게 사용되는 어휘가 두 교과서 모두에 가장 많이 출현한 것으로 나타났다. 그러나 그 비율은 초등학교

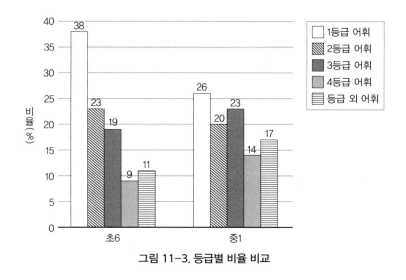

그림 11-3. 등급별 비율 비교

교과서가 12%나 높게 나타났다. 그리고 일상 어휘와 전문 어휘의 구분 기준이 되는 3등급을 중심으로 보면, 초등학교는 일상 어휘인 1, 2등급의 어휘가 61%를 차지하고, 중학교는 46%를 차지하고 있다. 이는 곧 전문 어휘인 3등급 이상의 어휘가 초등학교는 39%, 중학교는 54%임을 말해 주고 있다.

이를 통해서 볼 때, 초등학교와 중학교의 두 교과서에서 내용을 기술하는 데 있어서 모두 일상 어휘인 1등급의 어휘를 많이 사용하고 있음을 알 수 있다. 이 점은 교과서의 내용을 서술하는 데 있어서 일상 어휘를 반드시 동반할 수밖에 없음을 보여 주고 있다. 그러나 그 일상 어휘의 사용 정도는 초등학교가 중학교에 비해서 다소 높게 나타나고 있는데, 이 점은 중학교에 비해 상대적으로 어휘 수준이 낮은 6학년 학습자들의 어휘 발달 단계를 고려하여 교과서 내용을 구성한 결과로 보인다. 그리고 초등학교에 비해서 중학교 지리 교과서에서 3등급 이상의 전문 어휘가 월등하게 높게 나타남은 중학교 지리 교과서에서 학생들에게 가르칠 내용이 보다 전문화되고 있음을 말해 주고 있다. 중학교에서 세계지리와 관련된 교과지식을 보다 많이 제시하는 데서 비롯된 것이다. 그러나 초등학교 6학년과 중학교 1학년의 물리적인 연령이 1년 밖에 차이가 나지 않는다는 점을 고려한다면, 중학교 교과서가 발달 수준에 비해서 다소 무리한 학습내용을 제시하고 있는 것으로 생각된다. 이런 결과는 중학교의 세계지리 내용이 중학교 1학년에 집중 편재됨으로써 고학년에서 배울 내용까지 함축적으로 교육과정을 구성한 데서 기인한 것으로 볼 수 있다.

2) 분야별 어휘

세계지리 영역은 자연환경, 취락, 문화, 역사, 산업, 정치, 경제 등 다양한 내용을 다루고 있기 때문에 다양한 지리 어휘들이 나타난다. 여기서는 이 분야별 어휘가 초등학교와 중학교의 교과서에서 어떻게 나타나고 있는가를 살펴보고자 한다. 이를 위해서 세계지리 영역에서 다루어지고 있는 지리 어휘를 위치, 자연환경, 취락, 문화, 산업, 역사, 정치·경제, 국제기구, 사회문제 및 기타로 나누어 살펴보았다(표 11-4 참조). 이는 지리 교과서에서 통상적으로 다루는 내용을 토대로 하여 구분하였다. 그리고 자연환경은 기후, 식생, 지형, 해양, 자연재해로, 취락은 도시와 촌락으로, 문화는 인종/민족, 종교, 문명, 언어로, 그리고 산업은 1차, 2차, 3차 산업으로 세분하였다.[9]

초등학교 6학년과 중학교 1학년인 두 학년 간의 전체 분야의 비율은 초등학교 6학년을 기준으로 볼 때 1:3.21이다. 이는 개별 어휘 수의 비율인 1:2.24보다는 높고, 연 어휘 수의 비율인 1:3.28보다는 낮은 비율이다. 분야

---

9) 구체적인 내용은 부록을 참고하길 바란다.

표 11-4. 분야별 어휘 수와 그 비율

(단위: 개수)

		초6	중1	비율
위치		8	25	1:3.13
자연환경	기후	11	31	1:2.81
	식생	5	13	1:2.60
	지형	16	40	1:2.50
	해양	1	3	1:3.00
	자연재해	3	3	1:1.00
	소계	36	90	1:2.50
취락	도시	5	13	1:2.60
	촌락	1	8	1:8.00
	소계	6	21	1:3.50
문화	인종·민족	5	41	1:8.20
	종교	6	21	1:3.50
	문명	1	7	1:7.00
	언어	2	9	1:4.50
	소계	14	78	1:5.57
산업	1차 산업	8	33	1:4.13
	2차 산업	1	28	1:28.00
	3차 산업	9	23	1:2.56
	소계	18	84	1:4.67
역사		11	11	1:1.00
정치·경제		13	33	1:2.54
국제기구		8	9	1:1.13
사회 문제		4	12	1:3.00
기타		10	12	1:1.20
합계		202	648	1:3.21

별 어휘도 연 어휘 수의 증가를 반영하고 있음을 볼 수 있다. 이 증가율은 '나이에 따른 어휘 증가량'과 비교해 보아도 그 비율이 너무 크다는 것을 알 수

있다. 초등학교 6학년에 해당하는 13세 학생과 중학교 1학년에 해당하는 14세 학생의 어휘 증가량의 비율은 약 1:1.16이다. 하지만 지리 분야의 평균 증가율 3.21은 이 연령대의 어휘 증가율 1.16을 2.83이나 초과하고 있다. 이 점은 세계지리 분야의 초등학교와 중학교의 어휘 증가율이 해당 연령의 어휘 증가율에 비해서 지나치게 높음을 보여 준다.

분야별로 그 비율을 살펴보면, 가장 큰 차이를 보인 분야는 문화 분야로서 그 비율은 1:5.57로 평균 비율을 훨씬 넘어서고 있다. 문화 분야에서는 특히 인종과 민족, 문명 영역의 증가가 두드러지게 나타났다. 그다음으로는 산업 분야로서 그 비율은 1:4.67이다. 특히 2차 산업의 비율은 1:28.00으로 가장 큰 차이를 보이고 있다. 2차 산업의 비율이 급증한 것은 초등학교 교과서에서는 1차와 3차 산업을 중심으로 내용이 기술된 반면, 중학교 교과서에서는 공업이 국가별 산업을 설명하는 데 있어서 중요한 내용으로 인식하고서 2차 산업을 많이 보완하면서 1, 2, 3차 산업을 고른 비중으로 다룬데서 기인하고 있다. 다음으로는 취락 분야를 들 수 있다. 세계지리를 다루면서 취락 분야 자체의 어휘 수는 전체적으로 보면 큰 비중을 차지하고 있지는 않지만,[10] 두 학년 간에는 1:3.50의 차이를 보이고 있다. 다음으로는 위치의 영역이다. 이 분야는 1:3.13의 비율을 나타나고 있으며, 위도와 지역 구분을 하는 어휘, 즉 중서부, 중부 등의 어휘가 증가하고 있다. 그리고 자연환경 분야는 그 비율이 1:2.50으로서 기후, 식생, 지형 관련 어휘들이 균형 있게 제시되고 있다.

종합하여 보면, 초등학교 6학년 학습자들은 중학교로 진급하면서 학습자

---

10) 이 영역이 상대적으로 비중이 낮게 분류된 것은 촌락이나 도시 자체에 대한 내용 제시보다는 촌락과 도시에서 나타나는 산업, 문화, 환경 등을 기술하고 있기 때문이다. 그래서 본 분석에서도 상대적으로 낮게 나타나고 있다.

들의 어휘 발달 단계와 나선형 교육과정, 지역 확대법의 심화 등에 따라 세계 지역의 자연환경, 문화, 산업 등에 대해서 더욱 자세히 학습하게 된다. 그래서 중학교 교과서에는 초등학교 교과서에 비해 세계지리에 관한 더욱 다양하고 많은 분야별 개별 어휘가 출현하게 되는 것이며, 이는 곧 연 어휘 수를 증가시키게 되는 결과를 가져온다. 이러한 현상은 지리 교육과정의 내용 구성 원리상 필연적으로 나타나는 현상이라고 말할 수 있겠으나, 초등학교 교과서에 비해서 중학교 교과서에서 출현하는 분야별 전문 어휘가 지나치게 어려워지거나 등급이 높아지는 현상은 바람직하다고 볼 수 없다. 이처럼 초등학교 교과서에 비해서 중학교 교과서의 어휘 수가 급증하고 학습 내용이 어려워지는 원인은 중학생의 발달 조건을 고려하지 않은 상태에서 지리 교과서를 기술하는 데 있다. 중학교의 지리 교과서 내용을 고등학교 지리 교과서의 축소판 정도로 인식하고서, 다시 말하여 중학생에 맞는 지리 어휘나 내용 구성을 제대로 논의하지 않은 상태에서 지리 교과서가 기술되고 있다.

이와 같이 초등학교 6학년에 편재되어 있는 세계지리 내용에 비해서 중학교 1학년 세계지리 분야의 내용이 급속도로 어려워지는 경우, 동일한 학습자들이 세계지리 분야의 학습 내용을 어렵게 인식하게 만듦으로써 지리에 대한 학습 흥미를 떨어뜨릴 수 있다. 이는 지리 과목 전반에 대해서 부정적인 인식을 줌으로써 이의 선호도를 떨어뜨릴 수 있다. 그러므로 초등학교와 중학교의 지리 교과서의 어휘 수와 그 수준을 다시 고려할 필요가 있다. 지리 교과서에서 필수적으로 알아야 할 개념들을 중심으로 교과서를 기술함으로써 학습자들이 배울 어휘가 지나치게 증대되는 것을 방지할 필요가 있다. 그래서 지리 교과서를 기술할 때 비교적 일상생활에서 사용하는 어휘와 지리 분야의 전문 어휘를 구분하여 그 균형을 갖추어야 하겠다. 그리고 지리 전문 어휘에서 지나치게 한자어로 축약된 어휘를 순화하거나 조정할 필요가 있다. 이런 노력을 통하여 초등학교와 중학교의 지리 학습 내용을 구성하여 지리 어휘의 어려움으로 인하여 학습자들의 지리 학습 능률을 저하시키지 않도록 유념할 필요가 있다. 또한 중학교 교과서를 구성할 때 고등학교 교과서를 축소하여 구성할 것이 아니라 학습자들의 인지 발달 단계와 어휘 발달 단계상 중학교 과정에 필요한 내용과 어휘를 선택하고 그 내용을 집중적으로 다룰 필요가 있다.

3) 어휘의 서술

초등학교 교과서와 중학교 교과서의 세계지리 영역에서는 같은 국가나 지역을 서술하면서 같은 내용을 다루는 부분이 많다. 그러나 교과서는 같은 내용을 다루더라도 교과서마다 출현하는 어휘가 다를 뿐만 아니라 이에 대한 서술 방식에도 약간의 차이가 날 수 있다. 여기서는 두 교과서의 세계지리에서 공통적으로 다루고 있는 단원인 동부아시아 단원을 중심으로 살펴보고자 한다.

먼저, 지명 어휘의 서술 방식 차이를 '상하이'를 사례로 살펴보면, 초등학교와 중학교 교과서에서는 '상하이'를 다음과 같이 각각 서술하고 있다.

상하이는 대한민국 임시 정부가 있던 곳으로, 우리나라 독립 운동의 근거지였다.   － 교육인적자원부, 2007: 73

중국에서 가장 먼저 개방이 이루어져 오늘날 중국 최대의 무역항이자 제 1의 공업 도시로 발달하였다.   － 황재기 외, 2007: 131

초등학교 교과서에는 '상하이'에 대한 역사적 설명이 중심을 이루고, 중학교 교과서에는 '상하이'에 대한 지리적 설명이 중심을 이루고 있다. 초등학교 교과서에서는 어휘를 서술할 때 지리적 설명보다는 역사적 설명이나 우리나라와의 관계 등과 관련된 설명을 자주 등장시켜 통합 교과로서의 성격을 강하게 부각시키고 있다. 그러나 중학교 교과서에서는 어휘를 서술할 때 지리적 설명을 중심으로 서술하여 지리적 정체성이 초등학교 교과서에 비해 비교적 강하다. 초등학교 교과서가 통합 교과 성향이 강하다면, 중학교 교과서는 지리교과의 정체성이 강하다고 볼 수 있다.

다음으로 산업 어휘인 '석유01'에 관한 서술을 살펴보면, 초등학교 교과서에서는 '석유01'을 다음과 같이 서술하고 있다.

우리나라가 수입하는 석유의 약3/4를 이들 나라에서 들여오고 있다. 석유는 중요한 에너지 자원으로, 전기를 일으키는 데에나 자동차 등의 연료로 사용되고 있다. 석유는 산업의 발전뿐만 아니라 생활에도 꼭 필요한 자원이다.

— 교육인적자원부, 2007: 82

반면 중학교 교과서에는 '석유01' 어휘를 다음과 같이 서술하고 있다.

석유는 알라신이 아랍 인들에게 준 선물이라 말할 정도로 이 지역의 중요한 자원이다. 이 지역의 석유 매장량은 세계 총 매장량의 절반 이상이며, 생산량 역시 세계 최대이다. 특히, 페르시아 만 연안에 집중적으로 매장되어 있다. 석유 자원은 20세기 초부터 영국, 미국, 네덜란드 등 선진국 석유 회사들에 의해 본격적으로 개발되었다. 석유 개발에는 많은 자본과 높은 수준의 기술이 필요하기 때문에, 때로는 선진국과 석유 자원국 간에 대립이 생기기도 하였다. 이

지역의 산유국들은 다른 지역의 산유국과 연합하여 1960년대 초에 석유 수출국 기구(OPEC)를 만들었다. 이 기구는 회원국들의 석유 생산량과 가격을 공동으로 조정하여 세계의 석유 생산과 수출에 대한 주도권을 차지하려고 한다.

— 황재기 외, 2007: 149-150

초등학교 교과서에서는 '석유' 어휘를 그 기능에 중점을 두어 단일어로 다루고 있다. 반면에 중학교 교과서에서는 석유 어휘를 석유가 서남아시아 지역에서 갖는 의미와 석유로 인한 갈등을 중심으로 다루면서 이를 의미어로서 보고 있다. 그러나 석유 어휘를 가지고 교과서 내용을 서술하면서 '석유 매장량', '석유 회사', '석유 개발', '석유 자원국', '석유 수출국 기구', '석유 생산량', '석유 생산' 등의 관련 합성어를 지나치게 많이 동원하고 있다. 초등학교 교과서에는 특정 어휘와 관련된 합성어와 파생어는 되도록 배제하여 단일어를 중심으로 서술하여 그 기능에 관한 이해를 중심에 두고 있다. 그리고 이 교과서에서는 새로운 어휘가 출현할 때, 문맥 속에서 자연스럽게 출현하여 학습자들이 책을 읽듯이 교과서를 읽는 동안 어휘를 습득하도록 하고 있다. 반면, 중학교 교과서에서는 특정 어휘와 관련된 다양한 합성어와 파생어를 등장시켜 초등학교 교과서에 비해 지나치게 많은 어휘 수준의 변화를 보여 주고 있다. 이럴 경우, 지리 교사들은 수업 중에 교과서에서 다루고 있는 많은 파생 어휘에 대한 직접적인 정의를 해 주거나 학생들에게 과제로 부과함으로써 학습자들이 이 어휘들을 학습하도록 해야 하는 부담을 안게 된다. 특히 초등학교를 졸업하고 중학교에 갓 올라온 중학교 1학년 학생들이 단순히 교과서만을 읽어 가면서 이런 어휘들을 모두 숙지하기에는 무리가 있다. 따라서 중학교의 지리 교과서에서처럼 교과서의 한 문단을 이해하는 데 있어서 지나치게 많은 파생 어휘를 도입하여 교과서를 기술하는 것은 학생들의 문장 이해를 떨어뜨리는 결과를 가져오고, 이는 다시 지리 교과서에 난잡한 내용이 지나치게 많다는 인식을 심어주는 문제를 야기할 수 있다.

4. 결론

이 장에서는 초등학교와 중학교 세계지리 영역의 어휘를 비교 분석하였다. 이는 언어학적 분석, 분야별 분석과 어휘의 서술 분석을 중심으로 실시하였다. 언어학적 분석은 두 교과서에 출현한 개별 어휘 수, 연 어휘 수, 고빈도 및 저빈도 어휘, 등급별 어휘를, 분야별 분석은 위치, 자연환경, 산업 등의 10 분야를, 그리고 어휘 서술 분석은 교과서의 내용 분석을 중심으로 실시하였다.

본 분석 결과를 언어학적 측면에서 보면, 초등학교 교과서에 비해서 중학교 교과서의 어휘량이 너무 크게 증가하고 있음을 볼 수 있다. 초등학교 6학년과 중학교 1학년은 연령상으로 한 해 차이지만, 지리 교과서의 세계지리 영역에서 개별 어휘 수와 연 어휘 수는 각각 2.24배, 3.28배에 이르고 있다. 이런 어휘의 증가율은 동 연령의 언어학적 어휘 증가율인 1:1.16을 훨씬 넘어서고 있다. 그리고 전문적 어휘 등급으로 분류되는 3등급 이상의 어휘도 초등학교에서는 전체 어휘의 39%인 반면, 중학교 교과서에서는 54%로 15%나 급증하였다. 그리고 고빈도 어휘 중 초등학교 교과서의 지리 관련 어휘는 세계지리 정보에 관한 어휘가 중심을 이루고 있고, 중학교 교과서는 세계 지역의 계통지리를 담아낼 수 있는 주제 중심의 어휘가 주를 이루고 있음을 볼 수 있다. 또한 저빈도 어휘는 초등학교와 중학교 교과서에서 각각 71%, 64%를 차지하고 있다. 다음으로 분야별 어휘는 초등학교에 비해서 중학교의 분야별 평균 어휘 수가 3.21배 증가하고 있다. 이를 구체적으로 보면, 문화 분야는 5.57, 산업 분야는 4.67, 자연환경 분야는 2.50배 등으로 증가하고 있다. 마지막으로 교과서 서술 면에서 어휘를 보면, 초등학교 교과서는 지리 어휘를 그 기능을 중심으로 서술하는 반면, 중학교 교과서는 하나의 지리 어휘를 서술하면서 지나치게 많은 파생 어휘를 사용하고 있음을 볼 수 있다.

이런 결과를 토대로 볼 때, 초등학교와 중학교 지리 교과서 사이의 어휘는 그 수와 수준 면에서 지나치게 큰 차이가 나타나고 있음을 볼 수 있다. 즉, 초등학교 6학년에 비해서 중학교 1학년 지리 교과서의 어휘 수와 수준이 너무 급상승하고 있음을 알 수 있다. 중학교 1학년 지리가 중학교 3년이라는 전 과정을 다루는 내용임을 감안하더라도 초등학교 6학년과 중학교 3학년의 어휘 증가율이 1:1.40이기에 그 증가율은 지나치게 높다고 볼 수 있다. 또한 초등학교에 비해서 중학교 세계지리 영역의 교과서 내용 분량이 약 2배 증가하는 점을 감안하더라도, 지리 교과서의 어휘 수 증가는 지나치게 높은 편이다. 그리고 지리 교과서에서 단 1, 2회 출현하는 저빈도 어휘가 높은 비중을 차지하고 있음은 지리 교과서의 학습량을 높이거나 내용 면에서 교과서 지면을 지나치게 많은 사실로 가득하게 만든다. 이와 같이 지리 어휘의 급증, 저빈도 어휘의 높은 비중, 문장 서술 시 지나치게 많은 파생어의 사용 등은 이들이 복합적으로 작용하여 학생들의 지리 학습량의 부담, 지리 학습에 대한 이해도의 저하 등을 가져오게 된다. 이는 곧 지리 과목을 이해과목이 아닌 암기과목으로 더욱 각인시키게 되는 결과를 가져오기도 하고도 과목에 대한 선호도를 떨어뜨리는 요인이 되기도 한다.

초등학교와 중학교 간의 지리 교과서 내용이 급격한 차이를 보이고 있는 점은 지리 교육과정을 구성하는 것에 있어서 이를 학교 급별로 지나치게 구분하는 데 그 일차적 원인을 찾아볼 수 있다. 국가 교육과정의 편성 및 고시, 이를 토대로 한 교과서 집필에 이르는 과정에서 지리 교과서의 학교 급별 수준과 그 연계가 잘 이루어지지 않고 있다. 특히 중학교의 지리를 고등학교 지리의 축소판 정도로 인식하여 교육과정과 교과서 구성이 이루어지는 데서 이런 어휘의 급격한 차이를 가져온 것으로 생각된다. 초등학교나 고등학교와 달리 중학교 수준을 보다 적극적으로 고려하지 않은 상태에서 고등학교의 전문 지리 어휘들이 중학교 지리 교과서에 수록됨으로써 많은 어휘들이 등장하게 되는 결과를 가져왔다고 생각한다. 이런 점으로 보면, 중학교 지리의 정체성에 관한 보다 진지한 고민이 요구된다. 초등학교의 지리가 주로 '지리적 사고를 준비하는 과정'이어서 지리의 기초 어휘와 지리적 사실을 중심으로 내용이 구성된다면, 중학교의 지리는 지리개념을 중심으로 내용을 구성하는 식의 차별성을 요구된다. 즉, 초등학교의 지리가 'naive geography'를 중심으로 이루어진다면, 중학교의 지리는 'academic geography를 준비하는 단계'다. 그래서 중학교 지리의 사고 수준을 보다 명료하고 차별성 있게 정하고, 이를 바탕으로 어휘 수준 등을 조정할 필요가 있다.

또한 지리 교과서를 편찬할 때에는 교과서의 구성을 크게 저해하지 않을 경우, 지리 관련 어휘들이나 처음 교과서에 출현한 어휘들이 1회성으로만 출현하는 데에 그치지 않도록 세심한 주의를 기울일 필요가 있다. 이를 위해서는 중학교 지리 교과서를 검정 시 어휘에 대한 분석적인 틀을 마련하여 접근할 필요가 있다. 지리 교과서 내용의 옳고 그름과 함께, 그 내용이 학생 수준에서 적절한지 여부도 평가할 필요가 있는데, 이를 판단하는 데 있어서 어휘도 중요하게 다루어야 한다. 지리 교과서의 모든 어휘를 판단하는 것이 현실적으로 어려움이 있다면 적절한 표집을 통해서라도 어휘의 평가를 행할 필요가 있다. 이런 평가를 하는 데 중요한 기준 중의 하나는 초등학교와 중학교 지리 교과서의 어휘 증가율이다. 초등학교와 중학교의 학교 급별을 고려해 볼 때, 현행 교육과정에서 중학교 1학년 지리가 중학교 전체의 지리를 담고 있다고 하더라도 초등학교와 중학교의 어휘 비율이 1:2.00을 넘어서지 않도록 해야 한다고 본다. 그 이유는 초등학교 6학년과 중학교 3년까지의 언어학적 어휘 증가율이 대략 1.40이고, 여기에 지리 전문 어휘가 앞의 논의에서 어휘 중 전문 어휘에 속하는 3등급이상의 어휘가 0.15의 차이가 난 점을 기초로 하여 0.20으로 잡고 3개 학년으로 보면 지리 전문 어휘의 증가분을 0.60으로 보기 때문이다. 이는 초등학교와 중학교 지리 교과서의 세계지리 영역의 분량 차이가 2배의 차이를 보이는 것과도 맥을 같이한다.

부록: 분야별 어휘 비교

		초6	중1
위치		경선04, 남북, 동부05, 동북쪽, 북회귀선, 서쪽, 위선05, 쪽05	남04, 남동부, 남서부, 남부01, 남북, 남쪽, 남회귀선, 동쪽, 방향01, 북07, 북동부, 북동쪽, 북부01, 북서부, 북위01, 북쪽, 북회귀선, 서경02, 서부01, 서쪽, 적도02, 중부03, 중서부, 중위도, 쪽05
자연환경	기후	기후05, 열대04, 가뭄, 기상이변, 눈04, 봄01, 비01, 엘니뇨, 여름01,태풍, 온난화	기후05, 기후도, 기후표, 건기02, 건조 기후, 건조 지역, 고기압, 고산 기후, 냉대 기후, 아열대, 열대04, 열대 기후, 열대 지방, 영하, 온대 기후, 저기압, 한대 기후, 해양성 기후, 가을01, 겨울, 계절01, 계절풍, 바람01, 봄01, 비01, 산성비, 서풍01, 스모그, 장마01, 태풍, 편서풍
	식생	열대림, 열대우림, 삼림, 밀림02, 초원04	식생, 열대림, 침엽수림, 타이가, 툰드라, 툰드라 지대, 혼합림, 밀림02, 숲01, 열대초원, 정글, 초원04, 초지05
	지형	강01, 내륙, 대륙01, 땅01, 바다, 바닷가, 사막04, 산01, 산지04, 섬03, 언덕, 연안02, 오아시스, 유역02, 지형01, 해안02	강01, 갯벌, 계곡01, 고산지대, 고원02, 골짜기01, 내륙, 대륙01, 대수층, 땅01, 만11, 모래사막, 반도02, 분지05, 빙하02, 사막04, 산01, 산기슭, 산맥01, 산봉우리, 섬03, 암석사막, 오아시스, 온천02, 유역02, 육지02, 절벽, 지층, 지진대, 지형01, 지형도, 찬정, 치남파, 카나트, 하류01, 하천02, 해안02, 화산섬, 활화산, 화산활동
	해양	해일03	난류04, 한류, 바다
	자연재해	자연재해, 홍수02, 황사03	대지진, 자연재해, 지진02
취락	도시	도시03, 수도09, 수도권, 시내03, 시가지, 관광 도시	개방 도시, 거대 도시01, 고산 도시, 국경 도시, 대도시, 도시03, 도심04, 수도09, 시06, 시가지, 시내03, 신도시, 항구 도시
	촌락	촌03	농촌, 어촌
문화	인종 민족	민족, 인종01, 조선족, 중국인, 한국인,	게르만족, 그리스인, 다민족, 독일인, 라틴, 라틴아메리카인, 라틴족, 라프족, 러시아인, 마사이족, 마오리족, 메스티소, 물라토, 미국인, 민족, 백인, 삼보, 서양, 서양인, 스위스인, 슬라브족, 싱할리족, 아랍인, 아시아인, 어보리진, 에스키모, 유럽인, 이누이트, 이탈리아인, 인디언, 인종01, 중국인, 쿠르드, 쿠르드족, 타밀족, 터키인, 프랑스인, 판족, 한국인, 황인종, 흑인

		초6	중1
문화	종교	알라04, 유교02, 이슬람교, 종교, 크리스트교, 힌두교	가톨릭교, 가톨릭교도, 그리스 정교, 불교, 불교도, 사원02, 성지05, 시크교도, 알라신, 유교02, 유대교, 유대인, 이슬람, 이슬람교, 이슬람교도, 종교, 종교적, 크리스트교, 크리스트교도, 힌두교, 힌두교도
	문명	문명03	그리스로마문명, 마야문명, 메소포타미아문명, 문명03, 아스텍문명, 아스텍·잉카문명, 잉카문명
	언어	언어01, 한국어	독일어, 라틴어, 레토로만어, 아랍어, 언어01, 에스파냐어, 이탈리아어, 프랑스어, 힌두어
산업	1차 산업	농사일, 농사짓다, 농산물, 농수산물, 농업, 농업 용수, 유목05, 유목민	관개 농업, 광산물, 기업적 목축, 낙농, 낙농업, 농목업, 농사01, 농사짓다, 농산물, 농수산물, 농업, 농축산물, 목양02, 목우03, 목축, 목축업, 벼농사, 수목 농업, 수산물, 수산업, 어업, 오아시스 농업, 원양 어업, 원예 농업, 유목05, 이목08, 자급적 농업, 철광산, 축산업, 혼합 농업, 밀밭, 경작지, 경지02, 곡창지대, 농경지, 농업지, 농지
	2차 산업	화공품	가공업, 가공품, 경공업, 공업01, 광공업, 군수공업, 상공업, 수공업자, 자동차 공업, 전자 공업, 제철 공업, 중공업, 중화학 공업, 화학 공업, 화학섬유, 화학제품, 광산01, 공업국, 경제특구, 공업 단지, 공업 지역, 관광지, 농업지역, 무역항, 산유국, 생산지, 콤비나트, 첨단 산업
	3차 산업	국제 무역, 무역02, 상업02, 세계 시장, 수입02, 수입하다02, 수출03, 수출품, 수출하다03	관광 산업, 관광 자원, 레저 산업, 무역02, 무역 마찰, 무역상, 무역업, 상업02, 세계 시장, 수입02, 수입액, 수입품, 수입하다02, 수출03, 수출되다, 수출입, 수출품, 수출하다03, 시장04, 장사01, 소비지, 수입국, 수출국
역사		삼국 시대, 역사04, 역사상02, 역사적, 육이오 전쟁, 일제02, 일제 강점기, 임시정부	걸프 전쟁, 농업 혁명, 베트남 전쟁, 산업 혁명, 육이오 전쟁, 역사04, 역사적, 제1차 세계대전, 제2차 세계대전, 조선05, 중세

	초6	중1
정치 경제	경제04, 경제적, 정치03, 정치적, 공산 국가, 국가01, 나라01, 섬나라, 우리나라, 자치주, 산업 자원부, 외교 통상부, 개발도상국	개방 정책, 경제04, 경제 개발, 경제 동물, 경제적, 경제 활동, 국민 소득, 남극 조약, 농업 정책, 민주정치, 북아메리카 자유 무역 협정, 사회주의, 사회주의 국가, 시장 경제, 유로, 정치03, 정치적, 통상 백서, 강대국, 국10, 국가01, 국경01, 나라01, 대국02, 독립국, 독립국가, 사회주의 국가, 상대국, 서구02, 선진국, 식민지, 우리나라, 외교 통상부
국제기구	국경없는 의사회, 국제 연합 교육 과학 문화 기구, 국제 연합 아동 기금, 국제 올림픽 위원회, 동남 아시아 국가 연합, 유네스코, 유엔, 한국 국제 협력단	국제기구, 동남아시아 국가 연합, 석유 수출국 기구, 아세안, 아시아 태평양 경제 협력체, 유럽 경제 협력기구, 유럽 연합, 유엔, 유엔 인구 기금
사회 문제	기근03, 난민02, 난민촌, 환경문제	국제분쟁, 난민02, 대기오염, 도시문제, 도시집중, 사회문제, 식량문제, 인구과잉, 인구문제, 주택문제, 환경문제, 환경오염
기타	산업, 세계02, 신대륙, 지구04, 지구본, 지도03, 세계지도, 지구촌, 지방05, 지역03	국제 사회, 세계02, 세계적, 세계지도, 인구밀도, 지구04, 지구촌, 지리적, 지방05, 지역03, 지역 개발, 지역성

| 참고문헌 |

강영미, 2008, 「게임을 활용한 지리과 교수-학습 모형의 적용과 효과」, 제주대학교 석사학위논문.

교육부, 1997, 『초등학교 교육과정 해설』, 교육부.

교육부, 2000, 『초등 사회 교과서 3-1 학기』, 서울: 대한교과서주식회사.

교육부, 2000, 『초등 사회 교과서 4-1 학기』, 서울: 대한교과서주식회사.

교육부, 2000, 『초등 사회 교과서 4-2 학기』, 서울: 대한교과서주식회사.

교육부, 2000, 『초등 사회 교과서 5-1 학기』, 서울: 대한교과서주식회사.

교육부, 2000, 『초등 사회 교과서 5-2 학기』, 서울: 대한교과서주식회사.

교육부, 2000, 『초등 사회 교과서 6-1 학기』, 서울: 대한교과서주식회사.

교육부, 2000, 『초등 사회 교과서 6-2 학기』, 서울: 대한교과서주식회사.

교육부, 2000, 『초등 사회 교과서 3-2 학기』, 서울: 대한교과서주식회사.

교육인적자원부, 2007, 『초등학교 교과서 사회 6-2』, 대한교과서 주식회사.

국립국어연구원, 1999, 『표준국어대사전』, 두산동아.

국립국어연구원, 2002, 『표준국어대사전』, 두산동아.

권영배, 2006, 「중등학교 사회과 '독도교육'의 현황과 과제」, 『역사교육논집』, 36, 145-186.

권오현, 2006, 「일본 정부의 독도 관련 교과서 검정 개입 실태와 배경」, 『문화역사지리』, 18(2), 57-71.

그레이브스, 이희연 역, 1984, 『지리교육학개론』, 교학연구사.

김경·남상준, 2013, 「초등학생들의 장소 선호 연구 -멘탈 맵 분석과 현장 면담을 중심으로-」, 『초등교과교육연구』, 18, 한국교원대학교 초등교육연구소, 63-91.

김관원, 2008, 「일본의 학습지도요령 해설서 '독도 기술'과 일본 내 반응」, 동북아역사재단.

김광해, 1990, 「어휘교육의 방법」, 『국어 생활』, 22, 국어연구소.

김광해, 1993, 『국어 어휘론 개설』, 집문당.

김광해, 2003, 『등급별 교육용 어휘 목록』, 박이정.

김기범, 2005, 「독도영유권 갈등과 일본의 보수화 경향」, 『월간 아태지역 동향』, 한양대학교 아태지역연구센터, 28-33.

김다원, 2008a, 「세계 지역에 대한 위치 지식과 위치 학습 연구」, 서울대학교 대학원 박사학위논문.

김다원, 2008b, 「중학생들의 위치 지식과 지역 이해와의 연계 유형 분석 연구」, 『대한지리학회지』, 43(3), 432-447.

김다원, 2008c, 「지역 이해를 위한 위치 지식과 위치 학습 연구」, 『한국지리환경 교육학회지』, 16(2), 145-162.

김보림, 2011, 「한국과 일본의 독도 문제에 대한 미국의 인식 연구」, 『한국 일본교육학연구』, 15(2), 87-112.

김선표·홍성걸·이형기, 2000, 「한일간 동해 배타적 경계 획정에서 독도의 기점 사용에 대한 연구」, 한국해양수산개발원.

김성훈, 1983, 「도시와 농촌 아동의 공간 조망 능력 비교」, 서울대학교 대학원 석사학위논문.

김수희·박효진·김세영, 2015, 「숲 놀이 활동이 유아의 정서조절능력 및 문제행동에 미치는 효과」, 『한국영유아보유학』, 90, 1-21.

김영수, 2009, 「러시아 문서보관소 소재 근대 독도를 포함한 한국관련 자료 현황」, 배진수 외, 『독도 문제의 학제적 연구』, 동북아역사재단, 264-294.

김영진·김영환·김영선, 2007, 「초등학생의 놀이 활동 실태 및 요구 분석. 교과교육학연구」, 11(1), 『한국교과교육학회』, 121-141.

김용권·하병권, 1974, 「아동의 과학개념 발달에 관한 연구」, 『논문집』, 7, 서울교육대학, 173-199.

김인현, 2011, 「한국과 일본의 독도교육문제」, 『日本語教育』, 56, 1-23.

김저옥, 2004, 「초등학교 읽기 교과서 어휘 연구(1학년을 중심으로)」, 동아대학교 교육대학원 석사학위논문.

김종연, 2008, 「외국의 해외지명 결정 관련 조직 현황에 대한 연구 -영토 교육을 위한 기초 연구-」, 『한국지리환경 교육학회지』, 16(4), 387-398.

김주택, 2007, 「독도 영유권 주장과 역사 교육」, 『역사교육연구』, 5, 133-185.

김진홍, 2006, 「일본에 의한 독도침탈과정과 연합국에 의한 독도 분리과정에 관한 고찰」, 『독도논총』, 1(2), 독도조사연구학회, 39-59.

김진환, 2005, 「제7차 교육과정 10학년 사회교과서 분석: 국토와 지리정보 단원을 중심으로」, 연세대학교 교육대학원 석사학위논문.

김진희, 2009, 「어린이 놀이터의 유아놀이에 관한 문화기술적 연구」, 『한국유아체육학회지』, 10(1), 99-117.

김현진, 2001, 「중학교 「사회1」 교과서의 자연지리 용어 분석」, 이화여자대학교 교육대학원 석사학위논문.

김혜숙, 2007, 「영토 및 영해교육에서 본 독도 및 울릉도에 대한 인식」, 대한지리학회 학술대회논문집, 159−163.

김호동, 2011, 「일본의 독도 '고유영토설' 비판」, 『民族文化論叢』, 49, 329−356.

김흥철, 1997, 『국경론』, 민음사.

나홍주, 2000, 『독도의 영유권에 관한 국제법적 연구』, 법서출판사.

남호엽, 2011, 「글로벌 시대 지정학 비전과 영토 교육의 재개념화」, 『한국지리환경 교육학회지』, 19(3), 371−379.

노재경, 2005, 「제7차 사회과 교육과정 7학년 사회교과서의 체제 및 내용 분석: 지리영역을 중심으로」, 공주대학교 교육대학원 석사학위논문.

듀이, 이상옥 역, 1984, 『민주주의와 교육』(후편), 박영사.

린스트럼, 김정 역, 1980, 『아동 미술의 세계』, 열화당.

마문길, 1993, 『지리학대사전』, 서울: 박영문화사.

박복순, 2005, 「텍스트 서술 양식에 따른 학습자 선호도와 학습 효과에 관한 연구: 중학교 세계지리 단원을 중심으로」, 서울대학교 대학원 석사학위논문.

박붕배, 1975, 「초등교육에 있어 우리말 기본 학습 어휘에 관한 조사 연구」, 『서울교대 논문집』, 8, 25−166.

박선미, 2009, 「독도교육의 방향: 민족주의로부터 시민적 애국주의로 독도교육의 방향」, 『한국지리환경 교육학회지』, 17(2), 163−176.

박선미, 2010, 「탈영토화 시대의 영토 교육 방향 −우리나라 교사와 학생 대상 설문 결과를 중심으로−」, 『한국지리환경 교육학회지』, 18(1), 23−36.

박성애, 1997, 「초·중·고 교과서 세계지리단원의 학습자료 분석」, 『지리교육』, 9, 129−173.

박종필, 1996, 「초·중·고등학교 사회과 지리교과서의 내용 분석 및 평가」, 경희대학교 교육대학원 석사학위논문.

박철웅, 2010, 「일본의 독도 영토 교육에 대한 다차원적 접근성 이해」, 『한국지역지리학회지』, 16(3), 324−337.

박태화, 1997, 「초·중·고 교과서 세계지리단원의 학습자료 분석: 사진, 지도, 도표의 경우」, 경북대학교 교육대학원 석사학위논문.

배진수, 2009, 「독도문제의 국제정치학적 접근과 분석」, 배진수 외, 『독도 문제의 학제적 연구』, 동북아역사재단, 19−54.

백인기·심문보, 2006, 「울릉도와 독도의 거리와 해류에 관한 연구」, 한국해양수산개발원.

서봉연, 1982, 「한국 아동의 자기중심적 사고에 관한 연구」, 한국심리학회 발달심리연구회(편), 『삐아제 연구』, 서울대학교 출판부, 86-109.

서태열 외 2인, 2007, 「독도 및 울릉도 관련 영토교육의 방향 모색」, 한국해양수산개발원.

서태열 외 6인, 2009, 『동해 및 독도에 관한 영토교육의 현황과 과제』, 동북아역사재단.

서현·정은숙·박미자, 2014, 「산들 유치원 바깥놀이에서 나타난 유아들의 놀이 양상」, 『한국영유아보육학』, 84, 85-119.

성신재·이희열, 2006, 「우리나라 고등학생들의 대륙 및 국가에 대한 인지 특성」, 『한국지역지리학회지』, 12(6), 364-379.

송언근·김재일, 2002, 「초등학생들의 세계에 대한 인지 특성과 세계지리 교육과정 구성의 전제」, 『한국지역지리학회지』, 8(3).

송호열, 2011, 「중학교 사회1 교과서의 독도 관련 내용 분석」, 『한국사진지리학회지』, 21(3), 17-35.

신용하, 1996, 『독도의 민족영토 연구』, 지식산업사.

신홍철, 2004, 「제7차 교육과정 「세계지리」 교과서의 구성체계, 내용요소 및 학습자료 분석: 1. 세계와 지리 단원을 중심으로」, 공주대학교 교육대학원 석사학위논문.

심승희, 2010, 「초등 지리교육에 적합한 위치학습의 내용과 방법 모색」, 『한국지리환경교육학회지』, 18(3), 221-236.

심승희, 2011, 「지도 퍼즐을 활용한 위치학습에 관한 연구」, 『한국지리환경 교육학회지』, 19(2), 1-17.

심정보, 2008, 「일본의 사회과에서 독도에 관한 영토교육의 현황」, 『한국지리환경 교육학회지』, 16(3), 179-200.

심정보, 2009, 「한국의 사회과 교육과정에 기술된 독도관련 영토교육」, 배진수 외, 『독도 문제의 학제적 연구』, 동북아역사재단, 144-182.

심정보, 2011, 「일본 시마네현의 초중등학교 사회과에서의 독도에 대한 지역학습의 경향」, 『한국지역지리학회지』, 17(5), 600-616.

안자은, 2003, 「제7차 교육과정 초·중·고 세계지리단원 학습자료 분석」, 연세대학교 교육대학원 석사학위논문.

양보경, 2005, 「독도의 역사지리학적 고찰」, 『토론문집: 독도의 지정학』, 대한지리학회, 35-64.

어정연, 2013, 「장소가치의 형성요소가 장소선호도에 미치는 영향에 관한 연구」, 『국토 지리학회지』, 47(2), 169-181.

유하영, 2009, 「근대 조약을 통한 한일 기본관계와 어업관계」, 배진수 외, 『독도 문제의 학제적 연구』, 동북아역사재단, 55-94.

윤옥경, 2007, 「영토교육 관련 학교교육의 내용 및 영토교육 사례 분석」, 대한지리학회 학술대회자료집, 155-158.

이강원, 2005, 「독도 시비와 교과서 왜곡 대응전략에 관하여」, 대한지리학회 컨퍼런스 자료집, 133-140.

이경한, 1988, 「아동의 공간인지능력발달에 관한 연구」, 서울대학교 대학원 석사학위논 문.

이경한, 1988, 「아동이 공간 인지 능력의 발달에 관한 연구: 인지도의 분석을 중심으로」, 『地理敎育論集』, 20(1), 67-83.

이경한, 2006, 「초등학생들의 세계이해도 발달」, 『한국지리환경 교육학회지』 14(4), 289-298.

이경한, 2007, 「초등학생들의 국가 정체성 형성에 대한 이해」, 『한국지리환경 교육학회 지』, 15(3), 205-213.

이경한, 2008, 「초등학생들의 세계 포섭관계의 이해도 발달」, 『한국지리환경 교육학회 지』, 16(4), 365-376.

이경한, 2012, 「초등학생들의 독도에 대한 기본 지식과 인식」, 『한국지리환경 교육학회 지』, 20(1), 23-32.

이경한, 2013a, 「생태지도 만들기 체험을 통한 환경 문제 해결 능력 신장」, 『初等敎育研 究』, 24(1), 47-60.

이경한, 2013b, 「아동의 강에 대한 개념 발달에 관한 기초 연구」, 『初等敎育研究』, 24(2), 129-145.

이경한, 2015, 「초등학생들의 놀이 장소에 관한 연구-학생들의 장소 선호도를 중심으 로-」, 『初等敎育研究』, 26(1), 63-76.

이경한·박선희, 2002, 「초등학생들의 지리 오개념에 관한 연구」, 『社會科敎育』, 41(4), 153-181.

이경한·육현경, 2008, 「초등학교와 중학교 세계지리의 어휘 비교 분석」, 『한국지리환경 교육학회지』, 16(3), 253-265.

이기석, 2005, 「독도 명칭의 국제 표준화 문제」, 대한지리학회 컨퍼런스 자료집, 93-119.

이기용, 2011, 「독도인식의 역사적 고찰과 일본 영유권 주장의 오류」, 『평화학 연구』, 12(3), 139-176.

이민호·이경한, 2013, 「초등학생의 세계지리 기본 위치 지식의 증진을 위한 실행 연구 -퍼즐 활동을 중심으로-」, 『한국지리환경 교육학회지』, 21(1), 17-29.

이범관 외 2인, 2009, 「大學에서의 獨島敎育에 關한 硏究」, 『한국지적학회 학술대회 논문집』, 2(3), 1-16.

이범관 외 2인, 2009, 「獨島敎育의 評價와 發展方向 硏究」, 『한국지적학회지』, 25(2), 1-16.

이상욱, 1998, 『독도 어장의 어업권과 입어 관행: 울릉도 독도의 종합적 연구』, 영남대학교 민족문화연구소.

이선영, 2011, 「도시형 소규모 학교에서의 선호공간에 관한 연구: 운동장 없는 초등학교에서의 장소성」, 『대한건축학회 논문집』, 27(4), 대한건축학회, 79-86.

이영희, 2009, 「웹을 활용한 지도학습 방안 연구」, 한국교원대학교 석사학위논문.

이응백, 1972, 「초등학교 학습용 기본어휘」, 『국어교육』, 18, 한국국어교육연구회.

이장호 외, 1986, 「심리학개론」, 한국방송통신대학.

이재석, 2008, 『일본의 중학교 교과서 학습지도요령과 소위 죽도 문제』, 동북아역사재단.

이재승, 1996, 「어휘 지도 방법」, 『청람어문학』, 15, 162-182.

이정연, 1987, 「사회성의 측정 및 평가」, 중앙교육평가원(편). 『교사를 위한 정의적 특성의 평가 방법』, 제일문화사.

이찬 외, 1975, 『지리과교육』, 능력개발사.

이춘희, 1982, 「아동의 공간 조망 능력의 발달에 관한 연구」, 한국심리학회 발달심리연구회(편), 『삐아제 연구』, 서울대학교 출판부, 129-157.

이충우, 1996, 「정도어 연구 서설」, 『국어학』 28, 국어학회, 219-239.

이하나·조철기, 2010, 「한, 일 지리교과서에 나타난 영토교육 내용 분석」, 『한국지역지리학회지』, 17(3), 332-347.

임덕순, 1972, 「독도의 정치지리학적 고찰: 그의 소속과 가능에 대하여」, 『부산교대논문집』, 부산교육대학교, 45-54.

임덕순, 2010, 「독도의 기능, 공간 가치와 소속」, 동북아역사재단 편, 『독도·울릉도 연구』, 동북아역사재단, 225-279.

임지룡, 1991, 「국어의 기초 어휘 연구」, 『국어교육연구』, 30, 국어교육학회.

정원식·김호권, 1980, 「성격 진단 검사」, 코리안 테스팅 센터.

정장호, 1977, 『지리학 사전』, 서울: 경인문화사.

주경식, 2006, 「한·일 대학생들의 세계 지리 지식에 관한 비교연구」, 『한국지리환경 교육학회지』, 14(2), 95-107.

진태경, 2001, 「초등학교 국어 교과서 어휘 연구」, 진주교육대학교 교육대학원 석사학위논문.

최낭수, 1983, 「국민학교 아동의 공간 개념 형성에 관한 연구-축척과 지도화를 중심으로-」, 『지리학과 지리교육』, 13, 서울대학교 지리 교육과, 98-112.

최숙자, 2004, 「초등학교 3학년 수학 교과서 어휘 분석 연구」, 경인교육대학교 교육대학원 석사학위논문.

최순주, 2003, 「초등학교 6학년과 중학교 1학년 영어 교과서의 어휘 분석」, 충남대학교 교육대학원 석사학위논문.

최창근, 2008, 「한일 양국의 영토인식 형성과 교과서 연구」, 『동북아 문화 연구』, 15, 35-45.

현미자, 2003, 「초등학교 국어 교과서의 어휘 연구(저학년 국어(읽기) 교과서를 중심으로)」, 배재대학교 교육대학원 석사학위논문.

홍성근, 2009, 「일본 교과서의 독도관련 기술 실태와 문제점 분석」, 배진수 외, 『독도 문제의 학제적 연구』, 동북아역사재단, 95-143.

홍성덕, 2010, 「17세기 후반 한일 외교 교섭과 울릉도」, 동북아역사재단 편, 『독도·울릉도 연구』, 동북아역사재단, 15-67.

황재기 외, 2007, 『중1 사회』, ㈜교학사.

A Merrian-Webster, 1974, *Webster's New Collegiate Dictionary*. G&C. Merrian Company.

A Merrian-Webster, 2001, *Webster's New Words Collegiate Dictionary* (4th *ed.*). Cleveland: IDG Books Worldwide, Inc.

Acredolo, L. P., 1976, Frames of reference used by children for orientation in unfamiliar spaces, Moore, G. T. & Golledge, R. G. (Eds.), *Environmental Knowing: Theories, Researches and Methods*, Dowden, Hutchinson & Ross, I65-172.

Acredolo, L. P., et al., 1975, Environmental differentiation and familiarity as determinants of children's memory for spatial location, *Developmental Psychology*, 11(4), 495-501.

Anooshìan, L. J. & Young, D., 1981, Developmental changes in cognitive maps of a familiar neighborhood, *Child Development*, 52, 341-348.

Appleyard, D., 1982, Styles and methods of structuring a city, Kaplan, S. & Kaplan, R., (Eds.), *Humanscape: Environments for People*, Ulrich's books, Inc., 70-81.

Baird, J. C., 1979, Studies of the cognitive representation of spatial Relation: I. overview, *Jr. of Experimental Psychology: General*, 108(1), 90-91.

Beck, R. & Wood, D., 1976, Comparative developmental analysis of individual and aggregated cognitive maps of London, in Moore, G. T. & Golledge, R. G., (Eds.), *Environmental Knowing: Theories, Researches and Methods*, Dowden, Hutchinson & Ross.

Blaut, J. M. & Stea, D., 1974, Mapping at the age of three, *Jr. of Geography*, 73(7), 5-9.

Boardman, D., 1983, *Graphicacy and Geography Teaching*, Croom Helm.

Catling, S. J., 1978a, The Child's spatial conception and geographic education, *Jr. of Geography*, 77(1), 24-28.

Catling, S. J., 1978b, Cognitive mapping exercises as a primary geographical experience, *Teaching Geography*, 3(3). 120-123. in Graves, N. J., (Ed.), 1982, *New Unesco Source Book for Geography Teaching*.

Catling, S. J., 1979, Maps and cognitive Maps; the young child's perception, *Geography*, 64, 290-292.

Cohen. R. 1985, What's so special about spatial cognition?, Cohen. R., (Ed.), *The Development of Spatial Cognition*, Lawrence Erlbaum Associates. 5.

Daggs, D. G., 1986, Pyramid of places: children's understanding of geographic hierarchy, Master Thesis, The Pennsylvania State University.

Downs, R. M. & Stea, D., 1977, Maps in minds; reflections on cognitive mapping, in Murray, D. & Spencer, C., 1979, Individual differences in the drawing of cognitive maps, *Transactions, the Institute of British Geographers*, N.S., 4(3).

Downs, R. M., Liben, L. S., and Daggs, D. G., 1988, On education and geographers: the role of cognitive developmental theory in geographical education, *Annals of AAA*, 78(4), 680-700.

Graves, N. J., (Ed.), 1982, *New Unesco Source Book for Geography Teaching*.

Graves, N. J., 1980, Geography in education., in Brown, E. H. (Ed.), *Geography Yesterday and Tomorrow*, Oxford University Press.

Hague, E., 2001, Nationality and children's drawings-pictures about 'Scotland' by primary school children in Edinburgh, Scotland and Syracuse, New York State, *Scottish Geographical Journal*, 117(2), 77-99.

Hanna, P., 1963, Revising the social studies: what is needed?, *Social Education*, 27, 190-196.

Hart, R. A. & Moore, G. T., 1973, The Development of spatial cognition: A review, in Downs, R. M. and Stea, D. (Eds.), *Image and Environment*, Aldine Publishing Company, 274-284.

Herod, A., 2007, Scale: the local and the global, in Holloway, Rice and Valentine, (eds.), *Key Concepts in Geography*, London: Sage Publications Ltd.

Holloway, G. E. T., 1967, *An Introduction to the Child"s Conception of Space*, Routledge & Kegan Paul.

Holloway, S. L., Rice, S. P. and Valentine, G. (eds.), 2007, *Key Concepts in Geography*, London: Sage Publications Ltd.

Jahoda, G., 1963a, The development of children's ideas about country and nationality: part I the conceptual framework, *The British Jr. of Educational Psychology*, 33(1), 47-60.

Jahoda, G., 1963b, The development of children's ideas about country and nationality, Part II: national symbols and themes, *The British Jr. of Educational Psychology*, 33(2), 143-153.

Jahoda, G., 1964, Children's concepts of nationality: a critical study of Piaget's stages, *Child Development*, 35, 1081-1092, Society for Research in Child Development, Inc.

Kosslyn, S. H., et al., 1974, Cognitive maps in children and men, *Child Development*, 45, 707-716.

Lynch, K., 1960, *The Image of the City*, MIT press.

Matthews, M. H., 1978, The Mental maps of Children: images of Coventry's city centre, *Geography*, 65, 169-179.

Matthews, M. H., 1984, Environmental cognition of young children; images of journey to school and home area, *Transactions, The Institute of British Geographers*, N.S., 9, 89-105.

Matthews, M. H., 1987, Gender, home range and environmental cognition, *Transactions, The Institute of British Geographers*, N.S., 12, 143-156.

Moore, G. T. & Golledge, R. G., 1973, Environmental knowing: concepts and theories, in Moore, G.T. & Golledge, R. G., (Eds.), *Environmental Knowing: Concepts and Theories.*

Moore, G. T., 1973, Developmental differences in environmental cognition, in Preiser, W. F. E., (Ed.), 1973, *Environmental Design Research, Vol. 2, Symposia and Workshops*, Dowden, Hutchinson & Ross, Inc., 235-236.

Moore, G. T., 1976, Theory and research on the development of environmental knowing, in Moore, G. T. & Golledge, R. G. (Eds.), 1976, *Environmental Knowing; Concepts and Theories*, 150-152.

Moore, W. G., 1981, *Penguin Dictionary of Geography(6th ed.).* New York: Penguin Books.

Murray, D. & Spencer, C., 1979, Individual differences in the drawing of cognitive maps: the effects of geographical mobility, strength of mental imagery and basic graphic ability, *Transactions, The Institute of British Geographers,* N.S., 4(4), 385-391.

Naish, M. C., 1982, Mental development and the learning of geography, in Graves, N. J., (Ed.), *New Unesco Source Book for Geography Teaching*, Longman/The Unesco press, 16-54.

Nelson, B. D., et al,, 1992, Clarification of selected misconceptions on physical geography. *Journal of Geography.* 91(2), 76-80.

Piaget, Inhelder and Szeminska, 1960, *The Child's Conception of Geometry*, Routledge & Kegan Paul.

Piaget, J. & Inhelder, B., 1956, *The Children's Conception of Space,* Routledge & Kegan Paul.

Piaget, J. and Weil, A. M., 1951, The development in children of the idea of homeland and relations to other countries, *International Social Science Jr.,* 3, 561-578.

Pocock. D. C. D, 1976, Some characteristics of mental maps; an empirical study, *Transactions, The Institute of British Geographers.* N. S., 1(4), 493-512.

Pufall, P. B. & Shaw, R. E., 1973, Analysis of the development of children's spatial reference system, *Cognitive Psychology*, 5.

Rand, D. C., 1973, The relationship between children's classification: class inclusion abilities and geographic knowledge as measured by Piaget's spatial stages, Doctorial Dissertation, Purdue University.

Seo, T. Y., 1996, A study on the stages in the development of geographic concept: the conception of 'place', *Jr. of the Korean Geographical Society*, 31(4), 699-715.

Siegel, A. W., & White, S. H., 1975, The Development of spatial representations of large scale-environments, in Evans, G. W., 1980, environmental cognition, *Psychological Bulletin*, 88(2).

Stoltman, J. P., 1971, Children's conception of territory: a study of Piaget's spatial stages, Doctorial Dissertation, University of Georgia.

Storey, C., 2005, Teaching place: developing early understanding of 'nested hierarchies', *International Research in Geographical and Environmental Education*, 14(4), 310-315.

Tajfel, H., Nemeth, C., Jahoda, G., Campbell, J. D. and Johnson, N., 1970, The development of children's preference for their own country, *International Jr. of Psychology*, 5(4), 245-253.

The Wordsmyth Collaboratory, 2002, *The McGraw-Hill Children's Dictionary*, Columbus: McGraw-Hill Children's Publishing.

Towler, J. O., 1970, The Elementary school child's concept of reference systems, *Jr. of Geography*, 69(2), 89-93.

Tuan, Y. F., 1979, *Space and Place*, University of Minnesota Press.

Tuan, Y. F., 1985, Images and mental maps, *Annals of AAG*, 65.

Webb, G., 1986, Spatial ability and achievement in geography; the case of Cambridge G.C.E.A level examinations, *Area*, 18(4), 285-290.

White, J. T., 1972, On being adaptable, in Graves N. J., (Ed.), *New Movements in the Study and Teaching of Geography*, Maurice Temple Smith, 144-153.

Wiegand, P., 2006, *Learning and teaching with Maps*, London: Routledge.

Zevin, J. and Corbin, S., 1998, Measuring secondary social studies students' perceptions of nations, *The Social Studies*, Jan/Feb., 35-38.